Sammlung Göschen

Die elektrische Meßtechnik

II

Die Messungen an elektrischen Maschinen, Transformatoren und Gleichrichtern

Von

Dr. G. Brion

Prof. der Elektrotechnik und Physik
a. d. Bergakademie Freiberg

Mit 96 Abbildungen

Berlin und Leipzig
Walter de Gruyter & Co.
vormals G. J. Göschen'sche Verlagshandlung · J. Guttentag, Verlagsbuchhandlung · Georg Reimer · Karl J. Trübner · Veit & Comp.
1929

Druck von C. G. Röder G. m. b. H., Leipzig. 871129

Inhaltsverzeichnis.

1. Kapitel.
Mechanische Hilfsmessungen.

2. Kapitel.
Zusammenfassende Messungen an elektrischen Maschinen.

3. Kapitel.
Messungen an Gleichstrommaschinen.

4. Kapitel.
Messungen an Ein- und Mehrphasen-Synchronmaschinen.

Literaturübersicht.

Arnold, Die Wechselstromtechnik II. 2. Aufl. Berlin 1923.
Arnold-La Cour, Die Gleichstrommaschine I. 3. Aufl. Berlin 1923.
Baudisch, Wechselstrom-Kommutatormotoren. Sammlung Göschen, Bd. 992.
Block, Technische Meßgeräte. AWF. Berlin 1923.
Brion, Elektrotechnisches Praktikum. Leipzig 1911.
DIN-Taschenbuch 7: Elektrische Maschinen usw. Berlin 1927.
Goldschmidt, Normale Eigenschaften der Maschinen. Berlin 1909.
Gramberg, Technische Messungen. 5. Aufl. Berlin 1923.
Günther-Schulze, Gleichrichter und Ventile. München 1924.
Herrmann, Elektrische Meßtechnik I. Sammlung Göschen,Bd. 885.
— Elektrotechnik I—IV. Sammlung Göschen, Bd. 196—198, 657.
Heubach, Der Drehstrommotor. 2. Aufl. Berlin 1923.
Jolley, Alternat. Current Rectification. London 1926.
Krause-Jahn, Elektrische Maschinenmessungen. 5. Aufl. Berlin 1925.
Linker, Elektrotechnische Meßkunde. 3. Aufl. Berlin 1923.
Niethammer, Elektromotoren I. Sammlung Göschen, Bd. 798.
Niethammer, Elektromotoren II. Sammlung Göschen, Bd. 799.
REM, Regeln für die Bewertung und Prüfung elektrischer Maschinen. Herausgegeben vom VDE (Verband Deutscher Elektrotechniker). Berlin 1923.
RET, Regeln für die Bewertung und Prüfung elektrischer Transformatoren. Herausgegeben vom VDE. Berlin.
Sallinger, Die asynchronen Drehstrommaschinen. Berlin 1928.
Sallinger, Die Gleichstrommaschine II. Sammlung Göschen, Bd. 881.
Sallinger, Transformatoren. Sammlung Göschen, Bd. 952.
Sallinger, Wechselstromerzeuger. Sammlung Göschen, Bd. 547.
Schenkel, Die Kommutatormaschinen. Berlin 1924.
Skirl, Elektrische Messungen. Siemens Handbücher IV. Berlin 1928.
Vidmar, Die Transformatoren. 2. Aufl. Berlin 1925.

Zeitschriften.

ETZ: Elektrotechnische Zeitschrift.
Archiv: Archiv für Elektrotechnik.
Helios: Fachzeitschrift für Elektrotechnik.
E. im B.: Elektrizität im Bergbau.
ZVDI: Zeitschrift des Vereins Deutscher Ingenieure.
Forschungsarbeiten des VDI.

Formelzeichen.

A = Ampere
AW = Amperewindungen
$\mathfrak{B}$ = magnetische Induktion
C = elektrische Kapazität
$c_1 \ldots c_n$ = Konstanten
E, e = Elektromotorische Kraft EMK (Plural EMKe)
f = Frequenz
g = Erdbeschleunigung
$\mathfrak{H}$ = magnetische Feldstärke
I, i = Stromstärke
J = Trägheitsmoment
M = Drehmoment
m = Masse
N = Leistung
p = Polpaarzahl
n = minutliche Drehzahl
n_σ = Schlüpftouren
P = Kraft
R, r = elektrischer Widerstand
T = Schwingungsdauer (volle Schwingung)
t = Zeit
U = Spannung
W, w = Windungszahl
W = Watt
kW = Kilowatt
η = Wirkungsgrad
φ = Winkel der Phasenverschiebung
$\cos\varphi$ = Leistungsfaktor
Φ = magnetischer Fluß
$\omega = 2\pi n$ = Winkelgeschwindigkeit
$2\pi f$ = Kreisfrequenz
ν = Streuungskoeffizient
τ = Streufaktor
σ = prozentuale Schlüpfung
$\approx$ = ungefähr gleich

1. Kapitel.

Mechanische Hilfsmessungen.

§ 1. Umlaufzähler.

Umlaufzähler (Tourenzähler) bestehen in der einfachsten Form aus einer Welle mit Schnecke, Schneckenrad, Zeiger und Skala. In der Regel soll die in einem bestimmten Zeitabschnitt erfolgte Drehzahl gemessen werden; in diesem Fall gehört zum Tourenzähler eine Uhr, meist eine Stech- oder Stoppuhr. Über einen sehr genauen Sekundenmesser von Siemens, bei dem die Zahl der während des Meßvorganges verstrichenen Perioden eines Wechselstroms gemessen wird, s. ETZ 1928, S. 1651. Vielfach sind Tourenzähler und Uhr zusammen verbunden, so daß ihr Mechanismus gleichzeitig ein- und ausgerückt wird. Bei den Tourenzählern von Jaquet wird z. B. das Zählwerk nach einer Umlaufzeit von 1,5″ genau 6″ lang freigegeben; die Skala gibt die minutliche Drehzahl an unter Voraussetzung konstanter Drehgeschwindigkeit.

§ 2. Tachometer.

Die Apparate zur Messung der Drehgeschwindigkeit geben in der Regel die minutliche Drehzahl n an. Die Winkelgeschwindigkeit ω ist durch die Beziehung gegeben: $\omega = \frac{2\pi n}{60}$. Als Meßprinzip benutzt man u. a. die Fliehkraft, Wirbelströme, die Resonanz und magnetelektrische Maschinen.

a) Fliehkrafttachometer. Bei einer Ausführungsform nach dem Prinzip des Zentrifugalreglers sind Schwungmassen über Gelenke und Hülse mit der Zählerwelle verbunden. Je größer ω, um so mehr werden sie von der Achse weggeschleudert; dieser Bewegung wirkt eine Feder entgegen, die gespannt wird und das Richtvermögen (früher Direktionskraft genannt) gibt. Die Einstellungsänderung der Schwungmassen und damit die Verschiebung der Hülse auf der Welle ist ein Maß für ω; sie wird auf einen Zeigermechanismus übertragen. Wegen der quadratischen Beziehung zwischen Fliehkraft und ω ist die Skala am Anfang gedrängt, die Meßgenauigkeit unter ca. $^1/_3$ der Drehzahl für Vollausschlag gering. Um innerhalb eines bestimmten Meßbereiches eine große Empfindlichkeit (d. h. große Einstellungsänderung bei geringer Drehzahländerung) zu erhalten, baut man Tachometer mit abgekürzter Skala.

Handtachometer werden vielfach mit verschiedenen Meßbereichen versehen. Bei unbekannter Drehzahl stets mit der unempfindlichsten Skala beginnen! Achse des Tachometers in die Verlängerung der Maschinenwelle (nicht schief!) halten, ohne stark gegen die Welle zu drücken.

Bei den Flüssigkeitstachometern nach dem Fliehkraftprinzip wird eine Flüssigkeit von großer Dichte gegen die Außenwand geschleudert und dadurch der Spiegel einer darüber befindlichen spezifisch leichteren Flüssigkeit in einer vertikalen Röhre verschoben.

b) Wirbelstromtachometer. Ein Hufeisenstahlmagnet ist auf der Zählwelle derart befestigt, daß die magnetische und die Zählerachse zusammenfallen. Eine in der Nullstellung durch eine Feder festgehaltene metallische

Scheibe oder Glocke ist um die gleiche Achse so gelagert, daß sie bei der Drehung der Welle von den Kraftlinien des Stahlmagneten geschnitten wird. Es entstehen in ihr Wirbelströme i, die nach dem Lenzschen Gesetz die Scheibe in der Drehrichtung mitzunehmen suchen; die Feder wird gespannt, die Scheibe um den Winkel α gedreht. Für den Gleichgewichtszustand gilt:

$$C\alpha = c\,\mathfrak{H}\,i = c'\,\mathfrak{H}^2\,\frac{\omega}{R};$$

es bedeuten C die Torsionskonstante der Feder, c und c' Konstanten, $\mathfrak{H}$ die Feldstärke des Magneten, ω die Drehgeschwindigkeit der Welle, R der Widerstand der Wirbelströme in der Metallscheibe. Nach der Formel ist der Drehwinkel α der Drehgeschwindigkeit der Welle direkt proportional, daher die lineare Skala. Für ein einwandfreies Arbeiten ist Bedingung: Konstanz von $\mathfrak{H}$ und Unabhängigkeit des Widerstandes R von der Temperatur. Da der Ausschlag von der Drehrichtung abhängig ist, so muß der Nullpunkt in der Mitte liegen, wenn nach beiden Drehrichtungen gemessen werden soll.

c) Resonanz. Ein Wechselstromelektromagnet wirkt auf eine Anzahl einseitig eingespannter, abgestufter Stahlfedern; je mehr die Eigenschwingungszahl einer Feder mit der Frequenz des Wechselstroms übereinstimmt, um so mehr gerät sie ins Mitschwingen. Der Wechselstromgenerator (Geber) ist eine kleine, mit der Maschinenwelle gekuppelte magnetelektrische Maschine, in deren Ankerspulen EMKe erzeugt werden, deren Frequenz nur von ihrer Drehzahl und Polpaarzahl abhängt. Die Ankerklemmen werden über eine Leitung mit dem Elektromagneten verbunden. Einfachster Fall einer Fernmessung. Leider ändern sich die elastischen Eigenschaften und damit die Eigenschwingungsdauer der Federn trotz vorheriger künstlicher Alterung, so daß diese Frequenzmesser öfters nachgeeicht werden müssen.

Zur Erregung der einzelnen, auf einen gemeinsamen Steg kammartig montierten und abgestimmten Federn genügen nach Frahm die Erschütterungen einer Maschinengrundplatte, die bei jeder Umdrehung auftreten, da der Schwerpunkt der rotierenden Massen nie ganz genau in die geometrische Achse der Maschine fällt. Der Apparat wird auf das Maschinenfundament befestigt; diejenige Feder führt die stärksten Schwingungen aus, die auf die gleiche Schwingungszahl wie die Drehzahl der Maschine abgestimmt ist.

d) Tourendynamo. Mit der Maschinenwelle wird eine kleine magnetelektrische Gleichstrommaschine oder noch besser ein Generator mit konstant gehaltener Fremderregung verbunden. Die EMK ist der Drehzahl proportional und kann mit einem Spannungsmesser gemessen werden. Die Bürsten müssen gut aufliegen, nicht schwingen, der Kollektor soll sauber und rund sein zur Vermeidung unkontrollierbarer größerer Übergangswiderstände; die Kollektor- und Nutenteilung darf nicht grob sein, der Spannungsmesser soll möglichst hohen Eigenwiderstand besitzen (Drehspulinstrument).

e) Die Messung des Ungleichförmigkeitsgrades der Drehgeschwindigkeit — hervorgerufen durch ungleichförmigen Antrieb oder ungleichförmige Bremskraft — geschieht mittels Tachographen oder besonderer Vorrichtungen, dessen nähere Beschreibung hier zu weit führen würde (s. u. a. Helios 1928, S. 273).

§ 3. Beschleunigungsmessung.

a) Elektrische Apparate[1]). Einfache und zuverlässige Apparate zur Messung der Drehbeschleunigung gibt es

[1]) Siehe Keinath: Technik elektrischer Meßgeräte II, S. 322.

nicht. Nach dem Vorschlag von Lomonosoff (Abb. 1) wird ein Transformator T mit großem Luftspalt in den Ankerkreis einer Tourendynamo G mit möglichst feiner Kollektor- und Nutenteilung eingeschaltet, so daß der magnetische Fluß von T dem Ankerstrom direkt proportional ist. In einer Sekundärwicklung, die über einen empfindlichen Gleichstromspannungsmesser mV von kurzer Schwingungsdauer geschlossen ist, wird eine EMK e_2 bei jeder Änderung des Primärstromes i_1 induziert. Es ist $e_2 = W_2 \frac{d\Phi}{dt} = c \frac{di_1}{dt}$, und da i_1 der Drehzahl proportional ist, so erhalten wir $e_2 = c_1 \frac{d\omega}{dt}$. Auch bei Anwendung einer hohen Windungszahl W_2 ist e_2 gering und daher ein sehr empfindliches Meßgerät erforderlich; e_2 nimmt ferner einen unzulässig hohen Wert an, wenn der Gleichstromkreis versehentlich plötzlich unterbrochen wird und das Feld Φ zusammenbricht; zum mindesten wird der Spannungsmesser verbrannt.

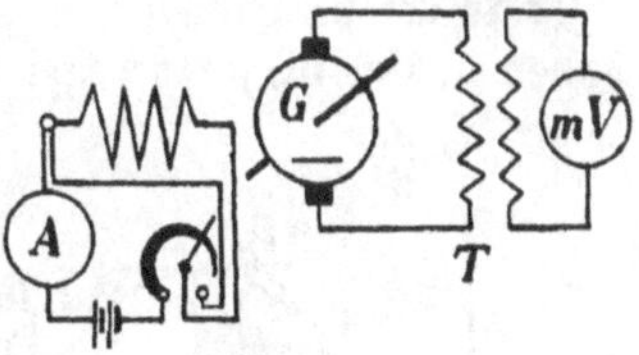

Abb. 1. Beschleunigungsmesser nach Lomonosoff.

Abb. 2. Beschleunigungsmesser nach Ytterberg.

Nach Ytterberg (Abb. 2) ist der Anker einer für möglichst hohe Spannungen gebauten Tourendynamo G über einen Kondensator C und einen Strommesser geschlossen. Jeder Drehzahländerung entspricht eine Spannungs- und Ladungsänderung und damit ein Ladestrom i am Kondensator.

Es ist $i = \frac{dQ}{dt} = C\frac{dU}{dt} = c_1\frac{d\omega}{dt}$, wobei Q die Ladung, C die Kapazität, U die Spannung am Kondensator und c_1 eine Konstante bedeutet. Hier stören vor allem die Gleichstrompulsationen infolge der endlichen Zahl der Kollektorlamellen und -nuten, sowie die Verluste und der endliche Widerstand im Kondensator.

Trotz der prinzipiellen Einfachheit dieser Meßmethoden haben sie sich bis jetzt wegen der besprochenen Mängel und

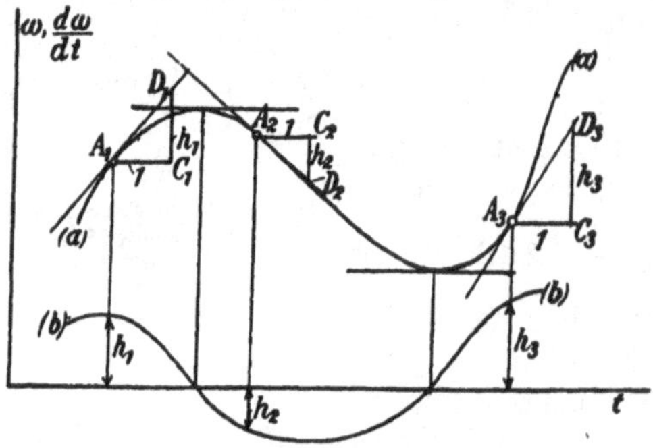

Abb. 3. Zeichnung einer Differentialkurve.

ihrer geringen Empfindlichkeit nicht durchsetzen können (s. hierüber Keinath, Elektr. Meßgeräte II, S. 322 1928).

b) Graphische Methode. Die Beschleunigungskurve kann durch eine graphische Differentiation der Geschwindigkeitskurve in Funktion der Zeit konstruiert werden. Abb. 3 zeigt (a) die Geschwindigkeits- und (b) die Beschleunigungskurve. Man legt in einem Punkt A_1 der a-Kurve eine Tangente an die Kurve, zieht durch A_1 eine Parallele zur Abszissenachse, trägt die Maßeinheit $= A_1C_1$ auf und errichtet im Endpunkt C_1 eine Senkrechte, die die Tangente in D_1 trifft. Dazu ist unter Berücksichtigung des

Maßstabes $\operatorname{tg} C_1 A_1 D_1 = \frac{d\omega_1}{dt}$, und $C_1 D_1 = h_1$ ist die Drehzahländerung je Maßeinheit der Zeit. Die Konstruktion ist für einige Punkte A durchgeführt. An den Stellen, wo die ω-Kurve durch ein Maximum oder Minimum hindurchgeht, schneidet die b-Kurve die Abszissenachse, da für diese Punkte $\frac{d\omega}{dt} = 0$. Die Konstruktion muß sehr exakt ausgeführt werden; auch macht sich ein Fehler in der Urkurve a in erhöhtem Maße in der Differentialkurve b bemerkbar

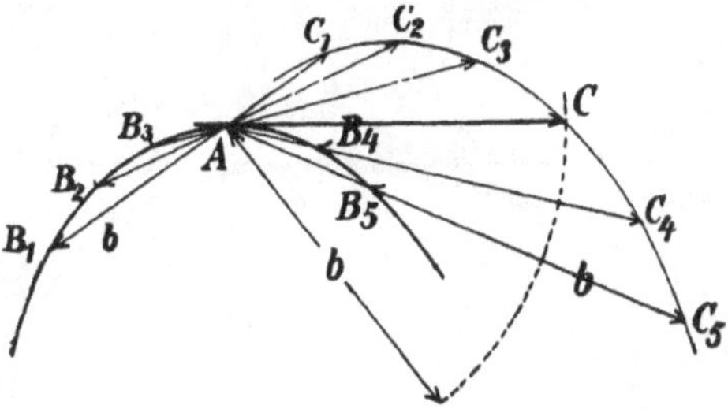

Abb. 4. Tangente an die Kurve durch A.

(s. u. a. Willers, Methoden der praktischen Analysis, S. 110ff. 1928).

Da diese Aufgabe relativ oft vorkommt, so sollen einige mathematische Hilfskonstruktionen angeben werden. Die Tangente in einem beliebigen Punkt A kann folgendermaßen konstruiert werden (Abb. 4): Man legt durch A eine Anzahl Sekanten und trägt von ihren Schnittpunkten $B_1 \ldots B_n$ mit der Kurve nach derselben Seite eine beliebige gleiche Strecke b auf. Die Endpunkte $C_1 \ldots C_n$ von b verbindet man durch eine neue Kurve. Man schlägt mit b einen Kreisbogen um A, seinen Schnittpunkt C mit der neuen Kurve verbindet man mit A. Die gesuchte Tangente ist CA. Andere Methode, besonders empfehlenswert bei Kurven, die wenig gekrümmt sind: Schlage um A einen Kreis, der Kurve in B und C trifft, schlage um B und C 2 Kreise mit gleichem Radius, die sich in D und E schneiden; DE ist die Normale an die Kurve durch Punkt A.

Ist die Kurve wenig von einer Geraden verschieden (z. B. bei vielen Anlauf- und Auslaufkurven), so ist zur Bestimmung des Berührungspunktes T einer Tangente (t) an die Kurve folgende Methode zweckmäßig: Man zieht benachbarte Tangenten (Abb. 5), die die erste in $A_1 \ldots A_n$ schnei-

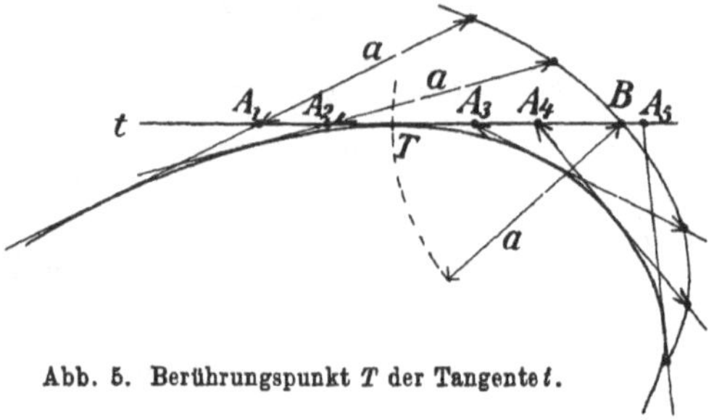

Abb. 5. Berührungspunkt T der Tangente t.

den, trägt auf diese Tangenten von $A_1 \ldots A_n$ aus eine beliebige gleiche Gerade a nach derselben Seite auf und verbindet die Endpunkte $B_1 \ldots B_n$ miteinander. Diese Kurve schneidet die erste Tangente in B; man schlägt mit a um B einen Kreisbogen, der die Tangente im Berührungspunkt T trifft.

Es liege ferner die Aufgabe vor, eine Tangente an eine Kurve zu legen, die parallel zu einer gegebenen Geraden ist. Man zieht nach Abb. 6 eine Anzahl zur Geraden paralleler Sehnen, verbindet deren Mitte durch eine Hilfskurve, die bis zum Schnitt mit der gegebenen Kurve verlängert wird.

Der Schnittpunkt A ist der Berührungspunkt, die Parallele zur gegebenen Geraden durch A die gesuchte Tangente.

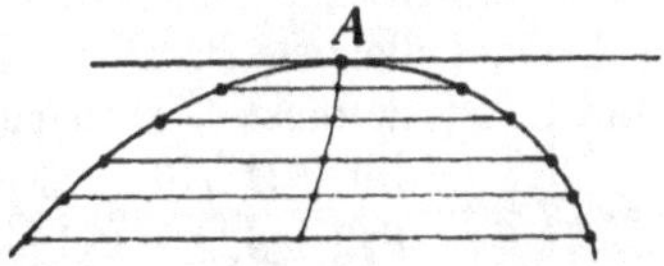

Abb. 6. Tangente von gegebener Richtung.

Die Differentialkurve kann auch mit Spiegelderivatoren oder einfacher und fast so genau mit Spiegellinealen (Abb. 7) aufgenommen werden; bei letzteren erhält man die Richtung der Normalen an die Kurve: Eine vertikale, hoch glanzpolierte Metallschiene S dient als Spiegel um ein Spiegelbild der Kurve zu erhalten, und gleichzeitig zum Zeichnen der Normalen; der kleine Spiegel S′ oben hat lediglich den Zweck bequemer parallaxenfrei arbeiten zu können. Man stellt S so ein, daß die im Spiegel gesehene Kurve die stetige, knickfreie Fortsetzung der Kurve selbst bildet (in der Abb. 7 gibt das Lineal die Normale zur Kurve b).

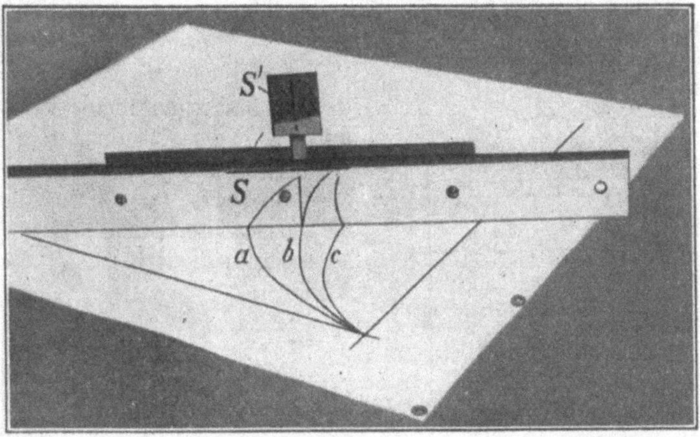

Abb. 7. Spiegellineal.

Zur Erleichterung ist ein vertikaler Strich auf der spiegelnden Fläche eingeritzt. In Abb. 8 ist parallel der Abszissenachse im Abstand 1 eine Gerade $O'X'$ gezogen, die Normale schneidet die zwei Parallelen in A_1 und A_1'; fälle noch das Lot $A'' A_1$, dann ist — wie leicht einzusehen — $\operatorname{tg} \sphericalangle A_1' A_1 A'' = \operatorname{tg} \varphi = \frac{d\omega}{dt} = \frac{A'' A_1'}{A_1 A''} = A'' A_1'$.

Man trägt in der Regel nicht ω, sondern die minutliche Drehzahl als Ordinate auf. Wie wird in diesem Falle aus der gemessenen Strecke die Winkelbeschleunigung erhalten?

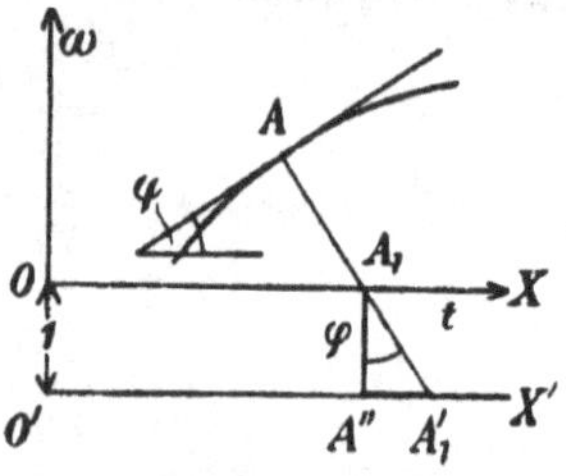

Abb. 8. Konstruktion der Differentialkurve mit Hilfe der Normalen.

Es ist $\omega = \frac{2\pi n}{60} = \frac{2\pi a n'}{60}$, wo a = Darstellungsmaßstab und n' die im Koordinatensystem dargestellte Größe für n ist. Ebenso ist $t = bt'$, wo t' die dargestellte Größe, b der Maßstab für die Zeit ist. Es wird: $\frac{d\omega}{dt} = \frac{2\pi a}{60 b} \cdot \frac{dn'}{dt'}$; d. h. die gemessene Größe $\frac{dn'}{dt'}$ muß mit $\frac{2\pi}{60} \cdot \frac{a}{b}$ multipliziert werden, um $\frac{d\omega}{dt}$ zu erhalten.

§ 4. Messung des Trägheitsmoments.

Das achsiale Trägheitsmoment J[1]) rotierender Maschinenteile ist durch den Ausdruck $\int dm \cdot r^2$ gegeben, wobei dm ein Massenelement und r sein Abstand von der Drehachse ist.

[1]) Für das Trägheitsmoment ist das Zeichen J statt des im Maschinenbau üblichen I gewählt, um eine Kollision mit dem Zeichen für die Stromstärke zu vermeiden.

Im CGS-System hat J die Dimension $[M \cdot L^2]$. Für einen Körper von 1 g Masse im Abstand 1 cm von der Achse ist $J = 1$. Setzt man als Masseneinheit das kg, als Längeneinheit das m, so muß das in CGS-Einheiten ausgedrückte Trägheitsmoment mit 10^{-7} multipliziert werden. Im technischen Maßsystem hat J die Dimension $\left[\frac{P}{LT^{-2}} \cdot L^2\right]$ $= [P \cdot LT^2]$, wobei die Krafteinheit das kg*, d. h. die Anziehungskraft der Erde auf die Masse eines kg in mittleren Breiten ist. Überall, wo der Ausdruck „Kilogramm" zu einer irrtümlichen Auffassung führen kann, wird zweckmäßig die kg-Masse mit kg, das Kilo als Krafteinheit mit kg* bezeichnet. Das Schwungmoment GD^2 ($G =$ Gewicht in kg*, $D =$ Durchmesser des Trägheitskreises) ist numerisch viermal so groß als der in m²kg ausgedrückte Wert von J. Auf rechnerischem Wege läßt sich J näherungsweise aus dem bekannten Volumen, der ungefähren Dichte und der Massenverteilung schnell auf etwa 10—20% bestimmen (Formeln s. Hütte I, 222ff.); man merke sich, daß das Trägheitsmoment eines homogenen Kreiszylinders, bezogen auf seine Drehachse, halb so groß ist als bei Verteilung der gleichen Masse als dünner Kranz auf der Peripherie des Kreisdurchmessers.

a) Auslaufmethode. α) Auslauf und Leerlauf. Nachdem der Versuchskörper seine Nenndrehzahl erreicht hat, unterbricht man die Leistungszufuhr und mißt die zeitliche Geschwindigkeitsabnahme des rotierenden Systems. Die Bewegungsenergie $W = J\,\frac{\omega^2}{2}$ nimmt in der Zeiteinheit um den Betrag $\frac{dW}{dt} = J\,\omega\,\frac{d\omega}{dt}$ ab. Die Größe $\omega \cdot \frac{d\omega}{dt}$ wird am einfachsten aus der Auslaufkurve gewonnen.

Konstruiert man zu einem Punkt A (Abb. 9) die Subnormale CB, so ist $CB = \omega \cdot \frac{d\omega}{dt}$, d. h. durch Multiplikation von CB mit J erhält man die sekundliche Energieabgabe des Systems (wegen Maßstäbe s. S. 16). Falls J unbekannt, wird $J \cdot \frac{d\omega}{dt}\,\omega$ dadurch bestimmt, daß eine der Größe $\frac{dW}{dt}$ entgegengesetzt gleiche Energiemenge je Sekunde dem System in einem besonderen Versuch zugeführt wird; dann bleibt W und ω konstant. Falls der rotierende Körper ein Elektromotor ist, so kann diese zuzuführende Energie ohne weiteres durch Messung seiner Leerlaufleistung unter genau gleichen Verhältnissen (Magnetismus, Reibung, Drehgeschwindigkeit) bestimmt werden. Durch Aufnahme der Auslaufkurve auf einen längeren Bereich und Bestimmung der Leerlaufleistung für eine größere Anzahl ergeben sich verschiedene Werte für J; durch Mittelwertbildung wird das Endergebnis genauer. Ein vorheriges Einlaufen des Systems ist eine Grundbedingung für ein gutes Resultat bei allen Auslaufversuchen, sonst sind die Reibungsverluste nicht konstant.

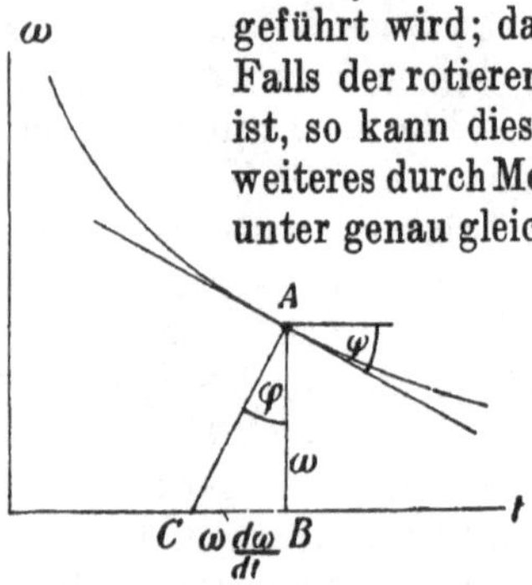

Abb. 9. Konstruktion von J aus der Auslaufkurve.

Umgekehrt erhält man bei bekanntem J mit Hilfe der Auslaufkurve die Bremsmomente M, da allgemein $\Sigma M = J\,\frac{d\omega}{dt}$. Beim Auslauf treten aber als Momente M nur Bremsmomente auf.

β) Größere elektrische Maschinen läßt man zunächst mit normaler Erregung leer auslaufen (Versuch 1), sodann (Versuch 2) bei gleicher Erregung, während der Ankerkreis über einen konstanten Widerstand geschlossen wird (Abb. 10). Die Bremsmomente für eine bestimmte Drehzahl mögen im Fall 1 mit M_1, im Fall 2 mit $M_1 + \Delta M_1 + M_2$ bezeichnet werden; $M_2 = \frac{N_2}{\omega}$; mißt man daher die sekundär abgegebene Leistung N_2 und ω in Abhängigkeit von der Zeit, so ist M_2 bekannt. Im zweiten Fall ist das von den Verlusten in der Maschine herrührende Moment um ΔM_1 größer als im Fall 1, da die magnetischen Verluste wegen der Verzerrung des Magnetfeldes bei Belastung größer sind als im Leerlauf, und die Joulesche Wärme im Anker hinzukommt. Man erhält für ein bestimmtes ω:

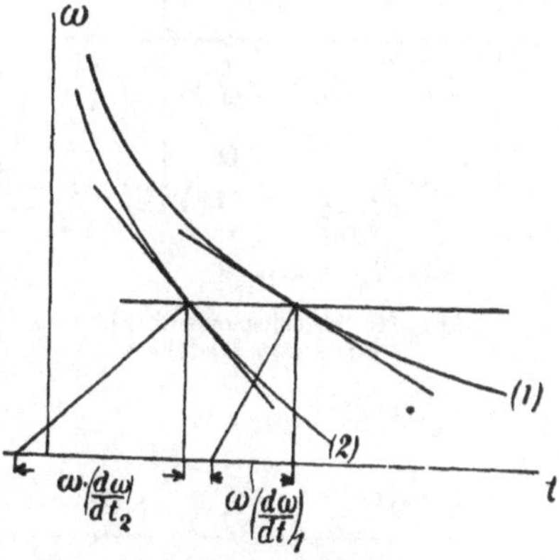

Abb. 10. Bestimmung von J mittels 2 Auslaufversuchen.

$$M_1 = J\left(\frac{d\omega}{dt}\right)_1; \quad M_1 + \Delta M_1 + M_2 = J\left(\frac{d\omega}{dt}\right)_2.$$

Die Indizes beziehen sich auf die Versuchsreihe 1 und 2. Durch Subtraktion ergibt sich

$$M_2 + \Delta M_1 = J\left[\left(\frac{d\omega}{dt}\right)_2 - \left(\frac{d\omega}{dt}\right)_1\right].$$

Der von der Jouleschen Wärme im Anker herrührende Anteil von ΔM_1 wird berechnet, die zusätzlichen Eisenverluste können nur geschätzt werden, so daß eine kleine Unsicherheit in der Berechnung von J nach der letzten Formel zurückbleibt. Zur Kontrolle wird die Rechnung für verschiedene ω ausgeführt.

γ) Bei kleinen Maschinen ist die Auslaufzeit zu kurz, um genau aufgenommen zu werden. Dadurch, daß der Anker der zu untersuchenden Gleichstrommaschine nach Abb. 11 abwechselnd an die volle Netzspannung oder an einen passenden Bruchteil durch Betätigung eines Umschalters S gelegt wird, zieht man die Beschleunigungs- und Verzögerungszeit be-

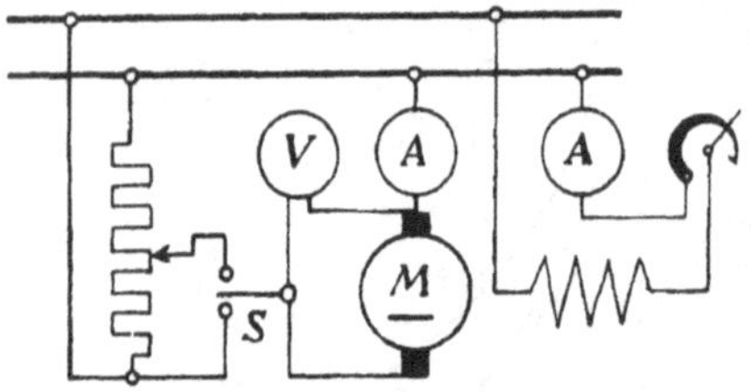

Abb. 11. Trägheitsmomentbestimmung bei kleinen Maschinen.

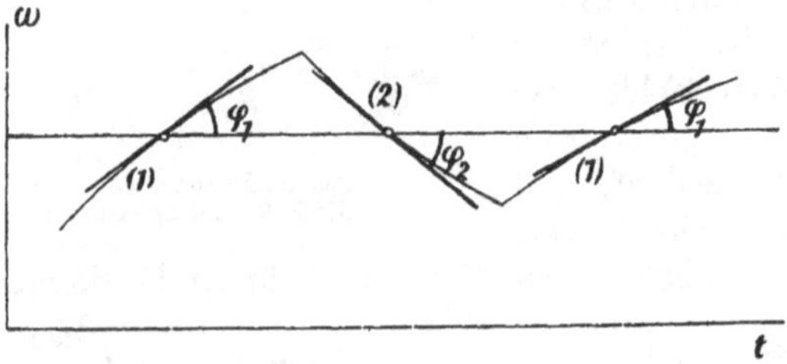

Abb. 12. Beschleunigungs- und Verzögerungskurve.

liebig auseinander (Abb. 12) und vergrößert dadurch die Meßgenauigkeit (ETZ. 1911, S. 141). Die Erregung bleibt konstant, so daß für die gleiche Drehzahl die magnetischen Verluste ebenfalls konstant bleiben. Es werden der Strom J, die Ankerspannung U und die Drehzahl als Funktion der

Zeit gemessen. Für die Beschleunigungsperiode gilt für eine bestimmte Drehzahl n bzw. ω:

$$J\cdot\left(\frac{d\omega}{dt}\right)_1 = \frac{J_1\cdot(U_1 - J_1 R)}{\omega} - M_{br};$$

$$J\omega\cdot\left(\frac{d\omega}{dt}\right)_1 = J_1(U_1 - J_1 R) - M_{br}\cdot\omega;\ \left(\frac{d\omega}{dt}\right)_1 = \operatorname{tg}\varphi_1.$$

Für die Verzögerungsperiode 2 für das gleiche ω:

$$J\left(\frac{d\omega}{dt}\right)_2 = \frac{J_2(U_2 - J_2 R)}{\omega} - M_{br};$$

$$J\omega\left(\frac{d\omega}{dt}\right)_2 = J_2(U_2 - J_2 R) - M_{br}\cdot\omega;\ \left(\frac{d\omega}{dt}\right)_2 = \operatorname{tg}\varphi_2.$$

Hierbei bedeuten J_1, J_2, U_1, U_2 die Ströme und Spannungen in Fall 1 und 2 bei dieser Drehzahl, M_{br} sind die

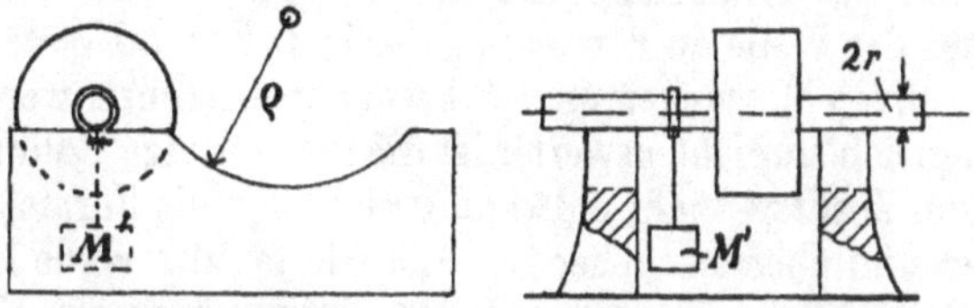

Abb. 13. Trägheitsmomentbestimmung mittels Rollbank.

Bremsmomente durch Reibung, Hysterese und Wirbelströme bei der gleichen Drehzahl, R der Ankerwiderstand. J ergibt sich durch Subtraktion der beiden Gleichungen. Durch Verwertung verschiedener Werte von ω wird die Meßgenauigkeit vergrößert.

b) Schwingungen (s. Sarfert: Forschungsarbeiten, Heft 61 S. 44). α) Man hängt den Anker an einen Draht in der Richtung der Achse auf und läßt den Körper um seine Achse schwingen. Aus der Dauer T einer vollen, hin und her gehenden Schwingung und dem Richtvermögen C des Fadens ergibt sich J aus der Formel $T = 2\pi\sqrt{J/C}$.

β) Man legt den ausgewuchteten Anker nach Abb. 13

auf zwei schmale, gehobelte Schienen, die entweder genau horizontal liegen (ebene Rollbank) oder kreisförmig (Kreisradius $= \varrho$) ausgedreht sind (kreisförmige Rollbank). Bei der ebenen Rollbank muß der Anker mit einem zusätzlichen bekannten Trägheitsmoment J' (bezogen auf die Ankerachse) belastet werden, wenn er schwingen soll.

Es ist $J = \dfrac{M + M'}{(2\pi/T)^2}\, g\, e - r^2 [M + M'] - J'$.

Hierbei bedeuten M und M' die Masse des Ankers und Zusatzmasse, T die Schwingungsdauer, g die Erdschwere, $e = a \cdot \dfrac{M'}{M + M}$ = Abstand des Schwerpunktes der Gesamtmasse von der Wellenachse; a = Schwerpunktsabstand der Hilfsmasse von der Wellenmitte, r = Halbmesser der Welle an den Auflageflächen. Es ist $J' \approx a^2 M'$; bei genauen Messungen muß J' besonders bestimmt werden.

Ungleich empfehlenswerter ist die kreisförmige Rollbank, da kein Zusatzgewicht notwendig und auch die Formel einfacher und übersichtlicher ist. Ein Gleiten der Welle längs der Bahn wird z. B. mittels leichten Einreibens mit Kolophonium verhindert. Es ist:

$$J = M r^2 \left[\frac{g}{(2\pi/T)^2 \cdot (\varrho - r)} - 1 \right]$$

ϱ = Radius der Rollbank.

§ 5. Messung von Drehmomenten.

a) Anlaufmoment. Ein horizontaler, ausgewuchteter Balken (Pronyscher Zaun) wird mit der Ankerwelle starr verbunden (Abb. 14). Das eine Ende trägt eine Wagschale mit Gewichten (Hebelarm $= d$), das andere einen Stift S, der bei Drehung des Balkens gegen zwei Anschläge A stößt. Man führt dem Motor Strom zu und mißt das Anzugsmoment in folgender Weise: Man legt so viel Gewichte G_1 auf, bis sich der Anker gegen das Motormoment M_m und die Reibung der Ruhe R im Uhrzeigersinn bewegt. Dann ist $G \cdot d = M_m + R$. Man nimmt dann so viel Gewichte ΔG weg, bis M_m gegen R und $(G - \Delta G) d$ den Anker gegen den Uhrzeigersinn dreht; $M_m = (G - \Delta G) d + R$. Aus beiden Glei-

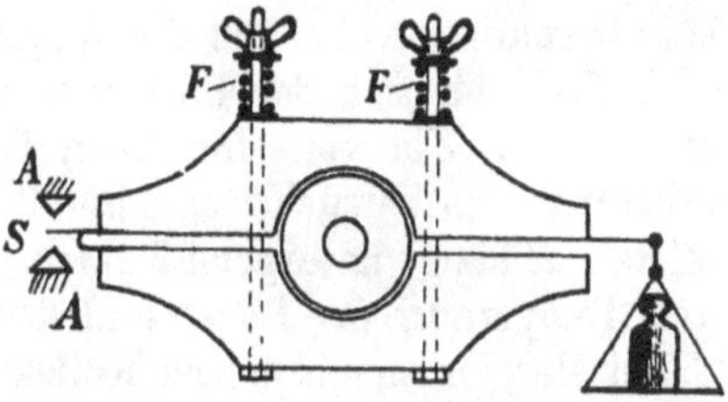

Abb. 14. Messung des Anlaufmomentes.

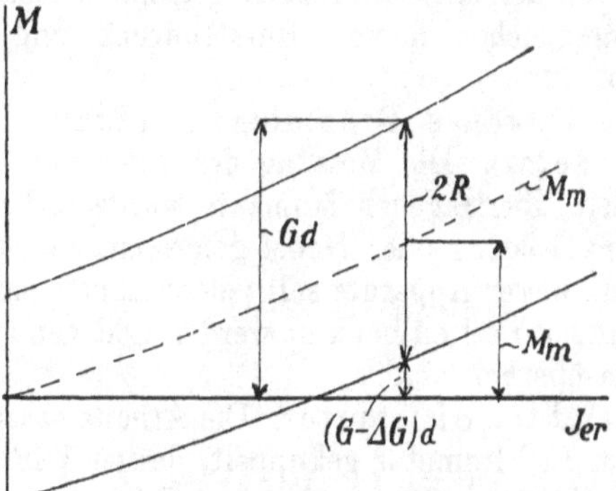

Abb. 15. Anlaufmoment und Reibung der Ruhe.

chungen ergibt sich: $M_m = \frac{2G - \Delta G}{2} \cdot d$ und $R = \frac{\Delta G \cdot \mathrm{d}}{2}$.

Trägt man z. B. bei einem Gleichstrommotor für einen konstanten Ankerstrom das Anlaufmoment in Abhängigkeit von der Erregerstromstärke auf, so erhält man (Abb. 15) zwei Kurven, die nicht ganz parallel liegen, da mit zunehmender Belastung der Wagschalen auch R etwas zunimmt. Die gestrichelte Mittelkurve' gibt das Motormoment in Funktion von J_{er}; die Differenz der beiden Ordinaten für einen bestimmten Abszissenwert ist gleich $2R$. Man kann R angenähert direkt bestimmen, indem man bei stromlosem Anker auf die Wagschale so viel Gewichte G' auflegt, bis sich der Balken gerade bewegt. Dann ist $R = G' \cdot d$. Um von einseitigen Einflüssen frei zu sein, führt man den Versuch rechts und links aus und nimmt das Mittel. R hängt naturgemäß stark von der Beschaffenheit und Temperatur der Lager und des Öls ab.

Bei Maschinen mit grober Kollektor- und Nutenteilung, und vor allem bei Drehstrommotoren hängt das Anlaufmoment von der Lage des Ankers gegenüber dem Magnetgestell, desgleichen R von Bürstendruck und Auflagefläche ab.

b) Übertragenes Drehmoment (Transmissionsdynamometer). Die Messung des von einer Welle auf eine andere übertragenen Moments wurde früher mittels Zahnräder, Riemen oder Hebel gemessen; von einer Beschreibung dieser Apparate soll jedoch abgesehen werden, da sie nur noch selten benutzt werden und von genaueren Methoden überholt sind.

α) Geeichter Hilfsmotor. Die Arbeitsmaschine wird mit einem Elektromotor gekuppelt, dessen Wirkungsgrad η bei verschiedenen Drehzahlen und Belastungen bekannt ist. Man mißt Drehzahl und Leistungsaufnahme N des Motors und erhält daraus das übertragene Moment M nach der Formel $M = \frac{\eta N}{\omega}$. Diese Methode kann keine Präzisionsmessung sein, da η von den Bürsten (Druck, Material, Temperatur, Berührungsfläche), vom Lager (Temperatur, Öl) und von der Temperatur der Wickelung abhängig ist. η ist daher besonders bei kleinen Leistungen unsicher.

β) Pendelmaschine (s. u. a. Langer-Finzi ZVDI 1914, S. 41, Helios Exportzeitschrift 1922, S. 2422, Ausführung von Dr. Levy): Der sonst feststehende Teil (Stator) einer als Motor arbeitenden elektrischen Maschine — z. B. das Magnetgestell eines Gleichstrommotors — ist um die gleiche Achse wie der Anker (Rotor) um wenige Grade leicht drehbar in Kugeln gelagert (s. Abb. 16); der Strom wird dem Gehäuse mittels möglichst loser, biegsamer Leitungen zugeführt (Vorsicht wegen zusätzlichen, unkontrollierbaren Drehmoments durch die Leitungsführung!). Nach dem Prinzip von Wirkung und Gegenwirkung müssen die vom Stator auf den Rotor und vom Rotor auf den Stator ausgeübten Kräfte und, da Stator und Rotor gleiche Drehachse haben, auch die Momente entgegengesetzt gleich

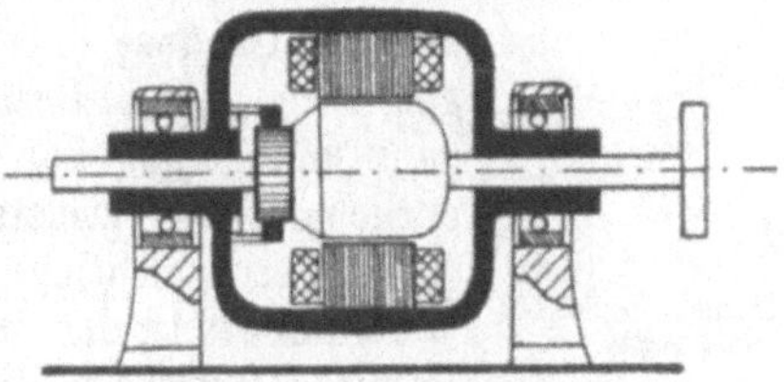

Abb. 16. Pendeldynamo.

sein. Normalerweise wird das auf den Stator ausgeübte Moment vom Maschinenfundament aufgenommen, bei der Pendeldynamo dagegen wie beim Bremszaun (s. S. 23) z. B. durch Verschieben von Gewichten an einem mit dem Stator fest verbundenen Hebelarm gemessen.

Das auf den Rotor ausgeübte Moment (Ankerstrom × Ankermagnetismus) sei mit M_m bezeichnet. In der Abb. 17 ist das Momentenspiel schematisch für einen Pol und einen Ankerdraht gezeichnet[1]). Das entgegengesetzt

[1]) In der Zeichnung selbst sind der Übersicht halber die Angriffspunkte

gleiche Moment ($-M_m$) wirkt auf den Stator. Die mechanische Reibung M_R (Lager und Bürsten) sucht den Stator mitzunehmen, das Moment der Hysterese und Wirbelströme (M_H und M_W) wirkt nach Lenz in gleichem Sinne. Diese drei Momente M_{R+H+W} wirken auf den Rotor im entgegengesetzten Sinne.

Bei Leerlauf ist das zu übertragende Moment = Null; es wird also $M_m = M_{R+H+W}$. Auf das Gehäuse, und damit auf die Fundamentplatte wirkt überhaupt kein Moment.

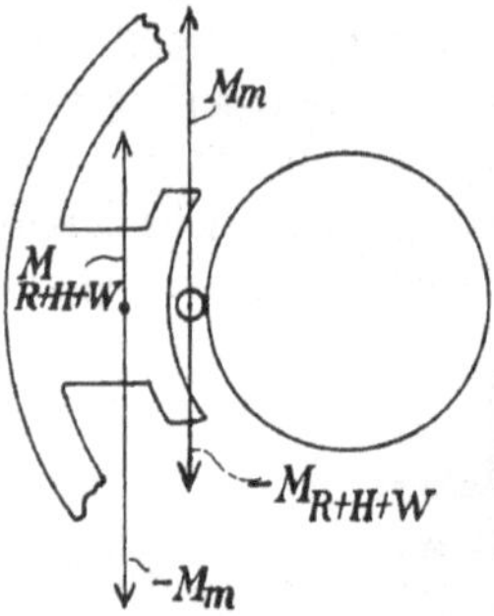

Abb. 17. Momentenspiel bei der Pendeldynamo.

Bei Belastung ist

$$M_m - M_{R+H+W}$$

positiv, und zwar gleich dem nutzbar übertragenen Moment M'. Dieses Moment wird nach Abb. 17 auf das Gehäuse übertragen und gemessen. Diese Beziehung gilt ganz unabhängig von der Veränderlichkeit der Verluste im Rotor.

Die Berücksichtigung des Luftwiderstandes ist der einzige heikle Punkt. Der größere Teil der bei der Ankerdrehung zur Deckung des Luftwiderstandes benötigten Leistung kommt nicht in Rechnung, da er in der Regel nur zum kleinen Teil auf den Stator zurückwirkt; er verhält sich wie eine Nutzlast. Auf das Gehäuse muß daher zur Wiederherstellung der Gleichgewichtslage ein Gegenmoment, z. B. durch Verschieben eines Laufgewichtes ausgeübt werden. In einer besonderen Versuchsreihe wird dieses nicht auf den Stator übertragene Luftreibungs-

der Kräfte auf Stator und Rotor getrennt, d. h. mit verschiedenem Hebelarm gezeichnet. Die Pfeile sollen die Richtung und Größe der Momente, nicht der Kräfte angeben.

moment in Funktion der Drehzahl gemessen und das im Betrieb gemessene übertragene Moment um diese Korrektionsgröße verringert. Die Empfindlichkeit der Methode hängt von der Reibung des Stators in den Kugellaufringen und wie bei jeder Wage von dem Abstand des Gehäuse-Schwerpunktes von der Drehachse ab. Temperaturschwankungen und einseitiger magnetischer Zug dürfen keine meßbaren Schwerpunktsverschiebungen nach sich ziehen.

Die Pendeldynamo kann genau so gut als Generator arbeiten; sie mißt in diesem Fall das auf sie übertragene Moment. Die für die Luftreibung einzusetzende Korrektionsgröße muß sinngemäß zum gemessenen Drehmomentwert addiert werden.

γ) Torsion von Wellen. Steht zwischen der Kraft- und Arbeitsmaschine ein Zwischenraum zur Verfügung, so kann das übertragene Moment durch Messung der Verdrehung eines geeichten, beide Maschinen verbindenden Wellenstückes bestimmt werden. Die Torsion wird mechanisch, elektrisch oder am besten optisch gemessen, da es sich meist um sehr geringe Winkel handelt. Diese Meßgeräte geben außerordentlich genaue Resultate, bedingen allerdings einen besonderen Einbau (s. u. a. Görges-Weidig, ETZ. 1913, S. 701, Vieweg, VDI-Zeitschrift 1913, S. 1227).

c) Bremsdynamometer. Bei diesen Apparaten wird die Arbeit des Motors in Wärme umgesetzt; man muß daher für genügende Wärmeabführung sorgen, was vielfach die Anwendungsmöglichkeit begrenzt.

α) Pronyscher Zaun (vgl. Abb. 14 auf S. 23). Ein zweiteiliger, ausgewuchteter Holzklotz mit Innenbalken, die sich der Rundung der Riemen- oder Bremsscheibe anpassen, wird gegen diese Scheibe mittels Bolzen und Flügelmuttern gepreßt. Bei der Bewegung des Motors würde die Reibung den Zaun mitnehmen; durch einseitig aufgelegte Gewichte wird er an der Mitbewegung verhindert. Im Gleichgewichtszustand sind beide Momente entgegengesetzt gleich. Je > die Anpressung, um so > die Reibung, um so mehr Gegengewichte müssen für die Gleichgewichtslage aufgelegt werden.

Ist der Zaun nicht ausbalanciert, so muß sein Eigenmoment bestimmt (Aufhängen an einem durch die Mitte gehenden Faden oder Auflegen auf Schneide) und besonders in Rechnung gestellt werden. Zum Feineinstellen werden zweckmäßig Schraubenfedern F unter die Flügelmuttern angebracht. Zur Kühlung versieht man die Backen mit Querrillen, die von Seifenwasser durchflossen werden. Besser ist die Benutzung von besonderen Bremsscheiben mit Innenflansch (s. Abb. 18); man läßt in den Hohlraum Wasser einlaufen, das verdampft oder mittels Schöpfvorrichtung wieder abläuft. Anschläge sollen die Bewegung des Zaunes begrenzen, für den Fall, daß er infolge erhöhter Reibung in der Drehrichtung mitgenommen wird. Die Empfindlichkeit der Methode ist für gewöhnlich gering, sie hängt von der Beschaffenheit der Holzbacken und — wie bei jeder Wage — von der Lage des Schwerpunktes des Zaunes zu der Drehachse ab. Es ist zweckmäßiger, den Balken auf eine Tafel- oder Dezimalwage wirken zu lassen, anstatt ihn durch Gewichte zu belasten.

β) Die Seil- und Bandbremsen gestatten ein viel genaueres Arbeiten; sie können als eine Abart der Backenbremsen betrachtet werden; die Holzbacken werden durch ein um die Scheibe geschlungenes Band oder Seil ersetzt, die Pressung und Reibung durch aufgelegte Gewichte bewirkt. Je > die Gewichte, um so > die Reibung und die Belastung. Die Bremsscheibe wird meist (s. Abb. 18) mit einem Außenflansch versehen, um ein Abrutschen des Seiles zu verhindern; der Innenflansch dient zur Wasseraufnahme. Als Hebelarm für das Drehmoment ist der Abstand der wirkenden Kraft von der Achse, d. h. der Scheibenhalbmesser + halbe Seildicke einzusetzen, als Kraft selbst die Differenz der Gewichte und der mittels Feder gemessenen Spannung am anderen Ende; bei genauen

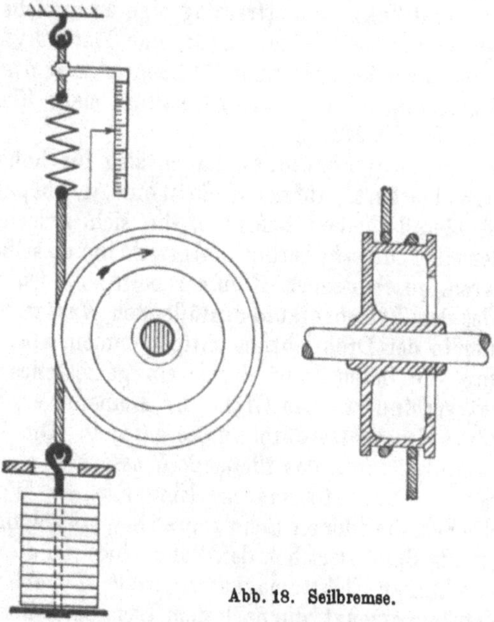

Abb. 18. Seilbremse.

Messungen muß noch das Seilgewicht von der Stelle, wo das Seil die Bremsscheibe verläßt, bis zum Gewichtshaken zum wirksamen Gewicht addiert werden.

Zur Vergrößerung der Reibung und Verminderung der Seilspannung am anderen Ende legt man bei größeren Belastungen das Seil zweimal um die Scheibe. Auch hier muß ein Anschlag oder ein Faden die Möglichkeit des Fortschleuderns der Gewichte ausschließen. Ein Nachteil der Bremse besteht darin, daß es nicht ganz leicht ist, jede gewünschte Belastung genau konstant zu halten. Da ferner der Hebelarm in der Regel klein ist, so haben bei größeren Belastungen die aufzulegenden Gewichte ähnlich wie bei Riemen- und Zahnradübertragung eine zusätzliche Lagerbeanspruchung zur Folge. Über eine Methode, bei der Seilbremse auch bei Änderung der Drehrichtung des Motors das Bremsmoment konstant zu halten, siehe Elektr. im Bergbau 1926, S. 201.

γ) Flüssigkeitsbremsen haben sich für hohe Drehzahlen gut bewährt. Auf der Welle ist eine Anzahl paralleler, runder Metallscheiben befestigt, die sich zwischen den Wänden einer mit sehr geringem Abstand um dieselbe Achse drehbaren, geschlossenen Kammer bewegen. Durch Reibung des den Zwischenraum ausfüllenden Wassers wird die Kammer in der Drehrichtung mitgenommen, aber an der Drehung wie beim Zaun durch ein gemessenes Eigenmoment verhindert. Die Größe des Moments wird durch die Stärke des Wasserdurchflusses geregelt. Die Wärmeabfuhr erfolgt durch das fließende Wasser.

δ) Wirbelstrombremsen. Eine mit der Welle gekuppelte Scheibe oder ein Schwungrad bewegt sich mit möglichst wenig Spiel zwischen den Polen eines um die gleiche Achse drehbaren Elektromagneten. In der Scheibe werden Wirbelströme erzeugt, die nach dem Lenzschen Gesetz der Relativbewegung von Elektromagnet und Scheibe entgegenarbeiten, d. h. den Elektromagneten mitzunehmen suchen. Das entgegengesetzt gerichtete gleich große Moment wird wie beim Zaun gemessen. Die Regelung der Belastung erfolgt in geradezu idealer Weise durch Änderung der Erregung des Elektromagneten. Die Stromzuführung zu den Magnetspulen erfolgt mittels loser, biegsamer

Litzen. Wie bei der Pendeldynamo ist darauf zu achten, daß hierdurch kein nennenswertes, unkontrollierbares, zusätzliches Drehmoment hinzukommt. Bei sehr genauen Messungen muß das vom Erdfeld auf den Elektromagneten ausgeübte Moment berücksichtigt werden; um diese Wirkung zu beseitigen, sind nach Siemens & Halske die Elektromagnete in ihrem Gestell drehbar; man sucht sich die Stellung der Elektromagnete, bei der eine Änderung der Nullage beim Ein- und Ausschalten des Erregerstromes und ruhender Bremsscheibe nicht eintritt. Die Luftreibung der Bremsscheibe wird durch einen besonderen Versuch festgelegt, sie kann meist nicht vernachlässigt werden. Die Wirbelstrombremsen eignen sich ganz besonders zum Abbremsen kleiner und kleinster Motoren, bei denen die übrigen Meßmethoden zu ungenau arbeiten. Wegen der Literatur über Wirbelstrombremsen und ihre Ausführungsformen s. Brion-Zdralek, Helios 1928, S. 205.

ε) Bremsen mit konstantem Moment. Eine elegante Methode, ein von der Drehzahl unabhängiges Bremsmoment einzustellen, ist von der Physik.-Techn. Reichsanstalt ausgearbeitet worden: Der zu untersuchende Motor M ist mit einem Generator G_I gekuppelt, der mit einem anderen Generator G_{II}, einem Strommesser und regulierbaren Widerstand R in einem Stromkreis liegt. G_I und G_{II} sind nach Abb. 19 so geschaltet, daß sich ihre EMKe bei dem vorliegenden Drehsinn des Motors von G_I addieren. Die Erregung von G_I wird konstant gehalten, die von G_{II} ist variabel. Für G_I wird zweckmäßig eine Pendeldynamo gewählt, sonst muß das Bremsmoment von G_I in Abhängigkeit des Erreger- und Ankerstroms besonders bestimmt werden.

Nach dieser Methode wird zunächst das Anlaufmoment bestimmt: Man stellt einen bestimmten Erreger- und

Ankerstrom J in G_I ein und mißt den Strom, der dem Motor M zugeführt werden muß, damit G_I sich gegen sein Drehmoment in Bewegung setzt.

Bei der Rotation von G_I würde bei der angenommenen Polarität der Ankerstrom J und damit das Bremsmoment zunehmen, wenn nicht R oder r im Nebenschluß von G_{II} ver-

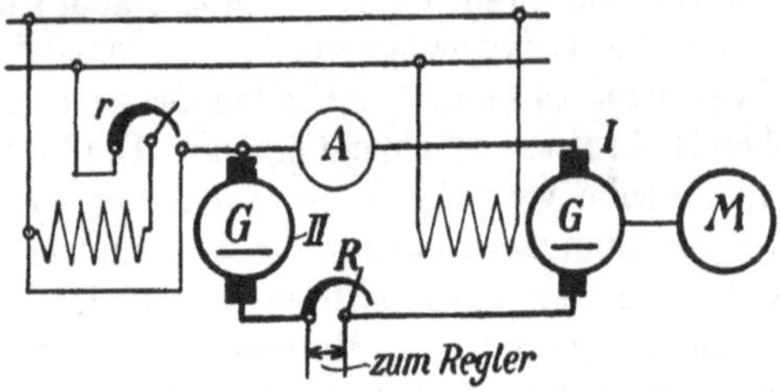

Abb. 19. Bremsung mit konstantem Moment.

größert werden. Die Regulierung von R oder r auf konstanten Strom J kann selbsttätig durch einen Schnellregler in der Weise erfolgen, daß man den Regler auf einen konstanten Wert der Spannung U_R an den Klemmen von R einstellt. Steigt die Spannung U_R, weil J zunimmt, so wird durch den Regler der Erregerstrom von G_{II} so lange geschwächt, bis sich die Spannung U_R wieder auf den gewünschten Wert einstellt.

2. Kapitel.

Zusammenfassende Messungen an elektrischen Maschinen.

§ 1. Spulen und Wicklungen.

a) Der Widerstand von Erregerspulen mit vielen Windungen von geringem Querschnitt wird nach irgendeiner

Meßmethode bestimmt (s. u. a. Herrmann, Meßtechnik, Sammlung Göschen, S. 24 und 74). Vorsichtsmaßregeln:

α) Die Temperatur der Spule muß bei jeder Messung wegen der großen Widerstandserhöhung von Kupfer bei Temperaturzunahme (0,4 % je Grad Celsius) berücksichtigt werden.

β) Der Strom steigt infolge der großen Selbstinduktion der meisten Spulen (viel Windungen und Eisen im magnetischen Kreis!) nur allmählich an. Der momentane Ausschlag am Galvanometer bei den Nullmethoden ist kein Maßstab für die Dauereinstellung. Stets Dauerzustand abwarten! Dieselbe Vorsichtsmaßregel gilt auch für die Widerstandsmessung durch Strom und Spannung.

γ) An den Anschlußklemmen dürfen keine merklichen Thermo-EMKe auftreten.

δ) Die Drahtenden und Klemmen müssen zur Verringerung von Übergangswiderständen von Oxydhaut frei sein. (Kontaktstellen säubern!)

ε) Bei Spulen von kleinem Widerstand (Ankerwicklungen) macht man sich von Übergangswiderständen an den Anschlußklemmen dadurch frei, daß man stets besondere Abzweigklemmen für den Spannungsmesser benutzt, ganz unabhängig von der besonderen Meßmethode.

b) Isolierfestigkeit (REM [Regeln für die Bewertung und Prüfung von elektrischen Maschinen] § 48ff., RET § 46ff.). α) Wicklungsprobe: Die Isolation von Wicklung gegen Wicklung oder gegen Körper wird mit einem sinusförmigen Wechselstrom von 50 Hertz geprüft. Für Maschinen über 0,5 kW und unter 5 kV beträgt die Prüfspannung 3 E oder 2 E + 1000, wobei E die Nennspannung bzw. die Erregerspannung bedeutet, und zwar gilt der größere der zwei angegebenen Werte. Wegen Einzelheiten s. VDE-Vorschriften.

β) Die Sprungwellenprobe soll feststellen, ob die Windungsisolation gegenüber den im Betrieb auftretenden Sprungwellen ausreicht. Die zu prüfende Wicklung ist über Funkenstrecken F auf Kabel oder Kondensatoren C geschaltet. Der Kugelabstand jeder Funkenstrecke wird für einen Durchschlag von 1,1 E eingestellt, die Wicklung auf das 1,3fache der Nennspannung erregt, die Funkenstrecken künstlich gezündet (etwa durch Überbrückung) und ein Funkenspiel von 10″ Dauer aufrechterhalten, wobei die Funkenstrecken mit einem Luftstrom von 3 m/sec anzublasen sind. Die Abbild. 20 zeigt die Schaltung bei Einphasenstrom. Durch die oszillatorische Funkenentladung werden die Kondensatoren immer von neuem umgeladen; bei jeder Umladung zieht eine Sprungwelle in die zu prüfende Wicklung ein.

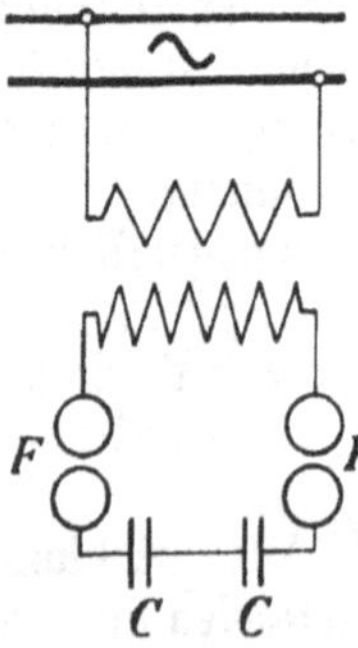

Abb. 20. Sprungwellenprobe.

γ) Die Windungsprobe dient zur Feststellung der ausreichenden Isolation benachbarter Wicklungsgruppen gegeneinander und zum Auffinden von Wicklungsdurchschlägen, die durch die Sprungwellenprobe eingeleitet sind. Die Prüfung erfolgt durch Anlegen einer Netzspannung, die je nach der Art der Wicklung zwischen dem 1,3- und dem 2-fachen Wert der Nennspannung schwankt. Die Prüfung gilt als bestanden, wenn weder Durchschlag noch Überschlag erfolgt.

δ) Windungsschluß (Kurzschlußwindungen). Ein direkter Stromübergang von Windung zu Windung infolge mangelnder Isolierung macht sich bei Gleichstrom meist durch Verringerung des Ohmschen Widerstandes der Spule, durch zu große Stromaufnahme und anormale magnetische

Wirkungen bemerkbar; bei Wechselstrom kommt noch der Kurzschlußstrom in den durch den direkten Stromübergang geschlossenen Windungen und damit eine unzulässige Temperaturerhöhung und u. U. eine sehr starke mechanische Beanspruchung infolge elektrodynamischer Kräfte hinzu.

Experimentell läßt sich ein solcher Windungsschluß u. a. auf folgende Weise feststellen (Anordnung der Dr. P. Meyer-A.-G., ETZ 1928, S. 830): Eine Spule A wird nach Abb. 21 auf einen lamellierten Eisenkern oder auf ein Drahtbündel geschoben und von einer Wechselstromquelle gespeist. Auf beiden Enden des Kerns liegen zwei ungefähr gleiche Prüfspulen B und C, die so miteinander und einem Nullinstrument T für Wechselstrom zu einem Stromkreis verbunden sind, daß die in B und C erzeugten EMKe einander entgegenarbeiten. Man verschiebt die eine Spule so lange auf dem Kern, bis das Nullinstrument keinen Strom anzeigt. Dann wird die zu untersuchende Spule D der einen der beiden Spulen B oder C genähert oder auf sie geschoben. Falls Kurzschlußwindungen vorliegen, wird das Gleichgewicht gestört, das Nullinstrument von Strom durchflossen[1]). Arbeitet man, wie in der Abb. 21 angedeutet, mit einem Telephon T als Nullinstrument, so muß der Wechsel-

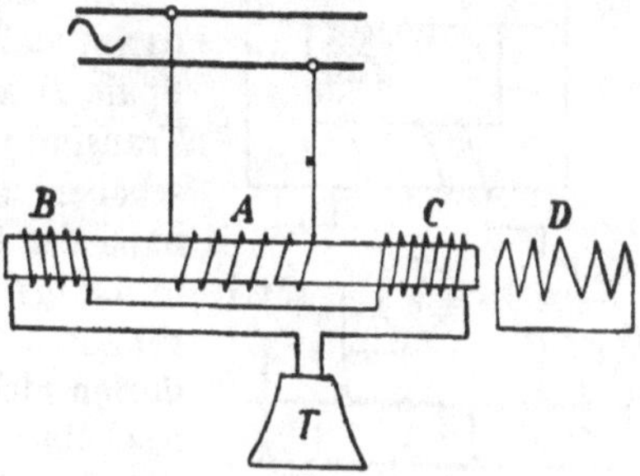

Abb. 21. Prufung von kurzgeschlossenen Windungen einer Spule.

[1]) In Abb. 21 ist die Spule D so gezeichnet, wie wenn sie in sich geschlossen wäre.

strom eine Frequenz von etwa 1000 Hertz (Summer- oder Mittelfrequenzapparat) besitzen, da in dieser Gegend das Telephon und das menschliche Ohr am empfindlichsten sind. Bei $f = 50$ würde man im Telephon kaum etwas hören, wenn die Wechselstromkurve keine Obertöne höherer Frequenz besitzt. Steht nur 50-periodischer Wechselstrom zur Verfügung, so benutzt man am besten ein Vibrationsgalvanometer.

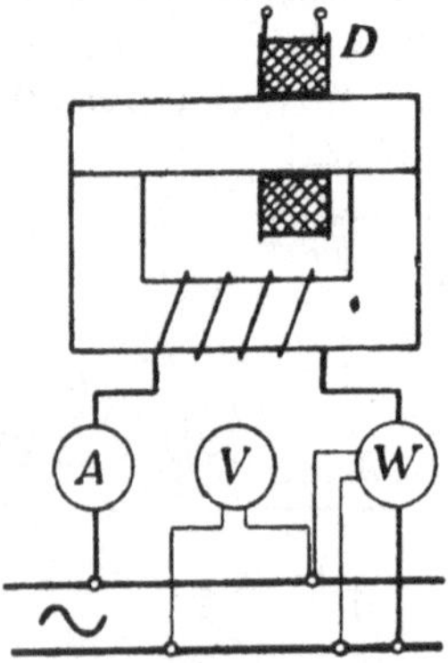

Abb. 22. Prüfung einer Spule auf Kurzschlußwindungen.

Eine andere Methode besteht darin, daß die zu untersuchende Spule D auf das Jochstück eines Transformators nach Abb. 22 geschoben und bei der Nennspannung der Erregerspule des Transformators Strom und Leistung gemessen wird. Diese Größen dürfen nicht kleiner werden, wenn das Jochstück ohne Prüfspule aufgelegt ist.

Eine ähnliche Einrichtung gestattet das Auffinden von Kurzschlußwindungen bei Ankerspulen (s. Skirl, Helios 1928, Heft 28). Das Jochstück eines Prüfmagneten M mit passend geformten Polen wird durch den Anker einer Dynamo mit eingesetzten, zu prüfenden, isolierten Wicklungselementen gebildet. Der Anker wird in eine derartige Lage gebracht, daß der magnetische Fluß der Erregerspule das zu prüfende Wicklungselement durchsetzt. Ein zweiter kleiner Elektromagnet M' wird ebenfalls an den Anker angelegt, so daß zwei benachbarte Zähne seinen Polen gegenüberliegen und die eine Seite des Wicklungselements dazwischenliegt. Die Spule von M' führt zu einem Telephon

T. Ist das Wicklungselement in Ordnung, so schweigt das Telephon, *M'* wird von keinem magnetischen Fluß durchsetzt. Sind dagegen Kurzschlußwindungen vorhanden, so wird in ihnen ein Induktionsstrom erzeugt, der ein magnetisches Wechselfeld in dem Hilfsmagneten *M'* und damit einen Strom im Telephon zur Folge hat. Abb. 23 zeigt die Anordnung für einen zweipoligen Gleichstromanker, Abb. 24 für den Stator eines vierpoligen Drehstrommotors.

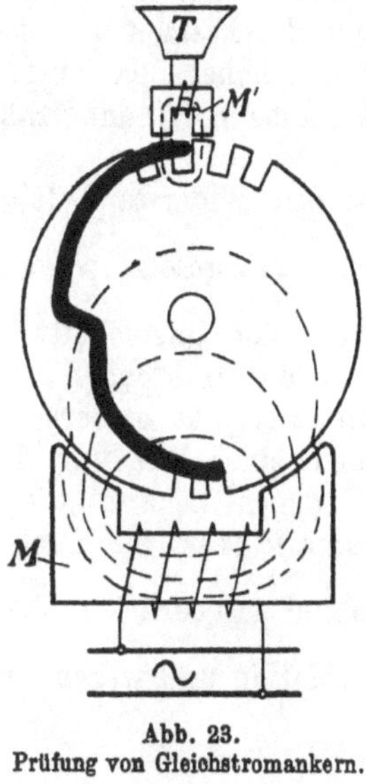

Abb. 23.
Prüfung von Gleichstromankern.

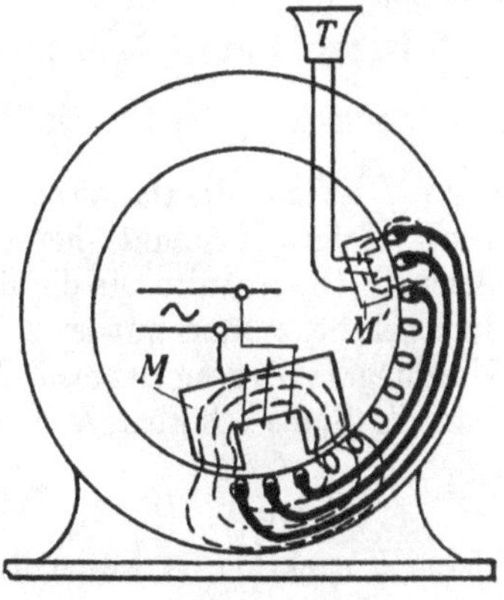

Abb. 24.
Prüfung von Drehstrommotoren.

c) Windungszahl von Spulen (s. u. a. ETZ 1922, S. 315). α) Vergleich mit Normalspule. Man schiebt nach Abb. 22 auf das Jochstück eines Transformators die zu prüfende Spule und eine Spule von bekannter, ungefähr gleicher Windungszahl und legt an beide Spulen abwechselnd denselben Spannungsmesser von möglichst großem Widerstand (am besten ein Elektrometer) an. Zur Kontrolle schaltet man noch beide Spulen gegeneinander in den Kreis eines empfindlichen Spannungsmessers. Es ist $\frac{W_n}{W_x} = \frac{U_n}{U_x}$ und $\frac{\Delta U}{U_x} = \frac{W_x - W_n}{W_x}$, wobei W_x und W_n die Windungszahlen der beiden Spulen, U_x und U_n die dazugehörigen Spannungen, ΔU die gemessene Spannung bei Gegenschaltung bedeuten. Vorsicht wegen eventueller Streufelder, die nur die eine Spule durchsetzen und das Resultat fälschen können, und wegen hoher Spannungen an den Klemmen der Prüfspule, wenn deren Windungszahl sehr hoch ist.

β) Berechnung. Man nimmt den Widerstand $R = \varrho \frac{l}{q}$, wobei für ϱ bei 15° der Wert 0,0175 gesetzt werden kann, l ist die Gesamtlänge in m, q der Querschnitt in mm². Falls q bekannt (herausragende Drahtenden von gleichem Querschnitt wie die Spule selbst), so ist daraus l und bei bekannter mittlerer Länge einer Windung die Windungszahl zu entnehmen. Falls q nicht bekannt, wiegt man die Spule (Gewicht G in Gramm); es ist für Kupfer $V = l \cdot q = \frac{G}{8{,}9}$ (l wird in cm, q in cm² ausgedrückt). Eine kleine Korrektion ist wegen der Isolation und wegen des Spulenkörpers anzubringen.

§ 2. Magnetische Größen.

a) Fluß Φ und Induktion $\mathfrak{B}$. Man legt eine Prüfspule von W Windungen um den Eisenkörper und führt deren Ende zu einem Stoß- (ballistischen) Galvanometer, evtl. unter Zwischenschaltung eines Widerstandes. Wird der Fluß um $\Delta\Phi$ plötzlich geändert, so ist $W \cdot \Delta\Phi = C \cdot \alpha$, wobei $C =$ Konstante des Stoßgalvanometers.

Beim Kommutieren des Flusses, d. h. der Erregung, ergibt sich $2\,\Phi = \frac{C \cdot \alpha_1}{W}$. C wird am einfachsten dadurch bestimmt, daß im gleichen Stromkreis eine Wicklung von W' Windungen liegt, die von einem bekannten Fluß Φ' durchsetzt ist, z. B. von einem Stahlmagneten von bekanntem Φ'. Wird Φ' plötzlich kommutiert, so erhält man $W'\,2\,\Phi' = C\,\beta$.

Bei größeren Maschinen läßt sich Φ nicht plötzlich kommutieren, so daß die Voraussetzungen für die Anwendung des Stoßgalvanometers nicht mehr zutreffen (Schwingungsdauer klein gegen Zeitdauer des Stromstoßes). Ferner entstehen bei der plötzlichen Stromunterbrechung in der Erregerspule sehr hohe EMKe, die Funken- und Wicklungsdurchschläge zur Folge haben können. Man kommutiert daher in diesem Falle in Stufen und addiert die jeweiligen Ausschläge α.

b) Magnetische Streuung. Der Gesamtfluß Φ ist meist $>$ als der nutzbare Fluß Φ_a, die Differenz beider der Streufluß Φ_s. Die Hauptstreuungskoeffizienten werden mit ν und τ bezeichnet; ihre Definition ergibt sich aus folgenden Gleichungen:

$$\frac{\Phi}{\Phi_a} = \nu \text{ (Hopkinson)}; \qquad \frac{\Phi - \Phi_a}{\Phi} = \tau \text{ (Heyland)}.$$

Man mißt ν oder τ, indem man die Prüfspule an die Stelle anlegt, wo Φ ein Maximum, und dort, wo Φ_a gebraucht wird und verfährt nach a.

Genauer sind die Nullmethoden: Man schaltet z. B. bei elektrischen Maschinen die Prüfwindungen W_f um den Feldmagneten und die um den Anker (W_a) gegeneinander in einen Stromkreis mit dem Stoßgalvanometer; die Windungszahl W_a wird so groß genommen, daß der Ausschlag des Nullinstruments bei einer Änderung von Φ verschwindet. Es verhalten sich dann die Flüsse Φ und Φ_a umgekehrt wie W_f und W_a. Bei genaueren Messungen interpoliert man, indem man zunächst bei W_a-Windungen einen kleinen Ausschlag im einen Sinne, bei W_{a+1} im anderen mißt; es muß $\Phi_a W_a < \Phi \cdot W_f < \Phi_a W_{a+1}$ sein.

c) Die magnetische Feldstärke $\mathfrak{H}$ an den verschiedenen Stellen des magnetischen Kreises einer elektrischen Maschine läßt sich zwar im Luftspalt mittels Prüfspule und Stoßgalvanometer oder mittels Wismutspirale (der Widerstand von Wismut nimmt im Magnetfeld zu), dagegen in Eisen nur sehr schwer messen. An eine Stelle, wo nur ganz wenig Induktionslinien aus dem Eisen austreten, wo also Φ tangential zur Eisenoberfläche verläuft, legt man an den Eisenkörper eine sehr flache Spule, deren Windungsfläche durch einen besonderen Versuch bestimmt wird und deren Achse in die Richtung der magnetischen Linien im Eisen fällt, verbindet deren Enden mit einem Stoßgalvanometer und kehrt den Fluß durch Kommutieren des Erregungsstromes um bzw. entfernt die Spule schnell aus dem Magnetfeld. Es ist dann wieder $C \cdot \alpha = W \cdot 2\mathfrak{H} \cdot F$, wobei W = Windungszahl, F = mittlere Windungsfläche der Spule, $\mathfrak{H}$ die Feldstärke in der Spule bedeuten. Da sich die Tangentialkomponente $\mathfrak{H}$ der Feldstärke beim Übergang von einem Medium zum anderen stetig ändert, ist das gemessene $\mathfrak{H}$ gleich der Feldstärke im Eisen an der gleichen Stelle. Die richtige Achsenrichtung der Prüfspule findet man rein experimentell, indem die Spule so lange gedreht wird, bis bei einer bestimmten Änderung von Φ der Ausschlag am Stoßgalvanometer ein Maximum wird. Die Stellen, für die die magnetischen Linien parallel zur Grenzfläche: Eisen—Luft, verlaufen, findet man am einfachsten durch Anlegen einer dünnen, schmalen Prüfspule an den

Eisenkörper, deren Achse senkrecht zur Eisenfläche steht. Bei einer Änderung von Φ oder Entfernen der Prüfspule aus dem Felde darf das Stoßgalvanometer nicht ausschlagen.

Die mittlere Feldstärke im Eisen zwischen zwei beliebigen Punkten A und B des magnetischen Kreises, läßt sich auch mit Hilfe des magnetischen Spannungsmessers bestimmen, der die magnetische Potentialdifferenz $\int_A^B \mathfrak{H}\, dl$ mißt; siehe unter d.

d) Magnetische Spannung (Rogowski-Steinhaus-Archiv I, S. 141 und 511, II, S. 303). Für eine beliebige geschlossene Kurve ist das Linienintegral der magnetischen Feldstärke gleich dem 0,4 π -fachen Betrag der umschlungenen AW. (Durchflutung) $\oint \mathfrak{H}\, dl = 0{,}4\,\pi\, WJ$. Zwischen zwei beliebigen Punkten A und B des magnetischen Kreises ist die magnetische Spannung $\int_A^B \mathfrak{H}\, dl$; sie ist vom Weg unabhängig, solange die verschiedenen Wege keine Stromleiter umschließen (wirbelfreies Feld).

Diese magnetische Spannung wird mit dem magnetischen Spannungsmesser gemessen. Der Apparat besteht aus einer sehr flachen, biegsamen, gleichmäßig 2-lagig auf ein Preßspanband von gleichbleibender Dicke bewickelten Spule von möglichst gleichem Querschnitt, deren Enden zu einem Stoßgalvanometer führen. Die Enden des Bandes werden an die Stellen A und B gebracht, deren magnetische Spannung gemessen werden soll. Beim Ausschalten des Erregerstromes oder Zusammenlegen der Enden des Bandes, wobei keine Stromleiter umschlungen werden, ist der Ausschlag des Galvanometers der magnetischen Spannung $\int_A^B \mathfrak{H}\, dl$ direkt proportional. Abb. 25 zeigt, wie mit diesem

Meßgerät die magnetische Spannung und damit der magnetische Widerstand an den Stoßfugen eines Transformators gemessen wird. Bei Wechselstrom führen die Spulenenden zu einem Oszillographen; in diesem Falle ist die Auswertung umständlicher und je nach der Größe des Wider-

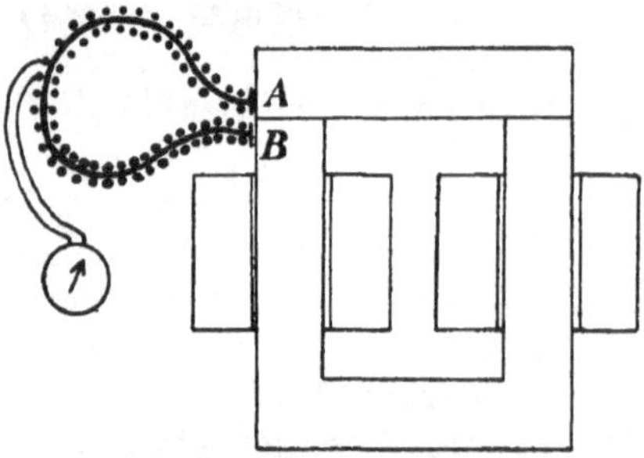

Abb. 25. Messung der magnetischen Spannung an den Stoßfugen eines Transformators.

standes und der Selbstinduktivität des Prüfkreises verschieden. Die Handhabung des Meßgerätes verlangt empfindliche Instrumente und eine gewisse Schulung.

§ 3. Charakteristiken.

a) Die Leerlaufcharakteristik gibt die Beziehung zwischen Erregerstrom und EMK der unbelasteten Maschine bei normaler Drehzahl. Der Spannungsabfall im Anker durch den Erregerstrom kann fast stets vernachlässigt werden; will man ganz sicher arbeiten, so benutzt man Fremderregung, was man bei Reihenschlußmaschinen sowieso machen muß. Man trägt gewöhnlich nach Abb. 26 (obere Kurve $J_a = 0$) den Erregerstrom als Abszisse, die zugehörige EMK als Ordinate auf. Diese Kurve hat große Ähnlichkeit mit der Magnetisierungskurve, da der Erregerstrom J den Erreger AW, die EMK dem magnetischen Fluß

Φ proportional ist. Infolge der Remanenz erhält man für $J = 0$ eine EMK, die in der Regel einige Prozent der Nennspannung beträgt. Der auf- und absteigende Ast (Pfeile in Abb. 27!) fallen wegen der Hysterese nicht zusammen, der abfallende Ast liegt etwas höher. Einer Änderung der Drehzahl entspricht bei gleichbleibender Erregung eine proportionale Änderung der EMK.

Diese Kurve gibt vor allem Aufschluß über die magnetischen Eigenschaften der Maschine und über den Sätti-

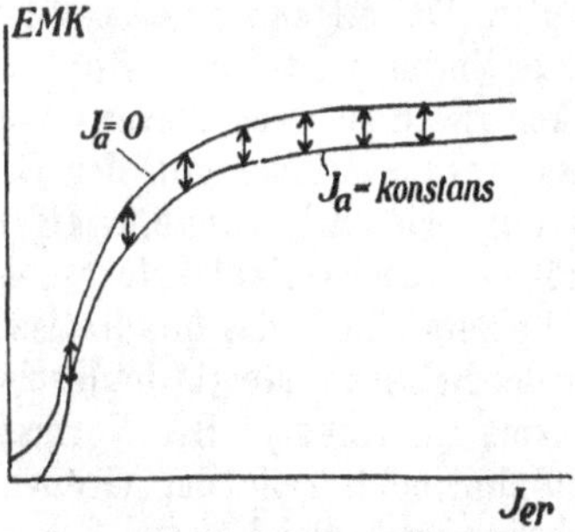

Abb. 26. Magnetische Charakteristik bei Leerlauf und Belastung.

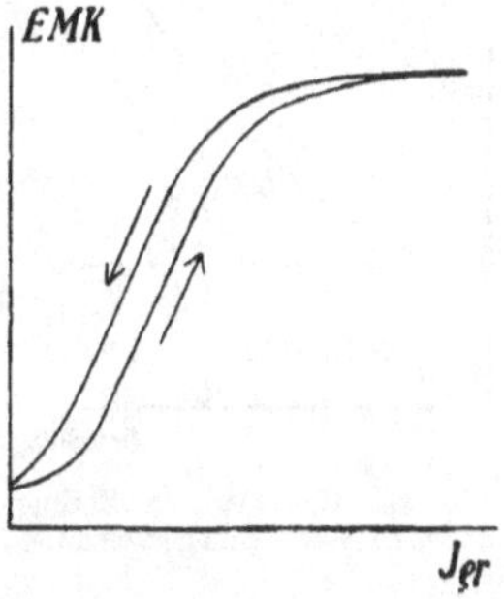

Abb. 27. Einfluß der Remanenz auf magnetische Charakteristik.

gungsbereich, in dem man im normalen Betrieb arbeitet; ferner dient sie zur Kontrolle der Berechnung.

b) Die magnetische Charakteristik bei Belastung erhält man bei Aufnahme der Klemmspannung in Funktion des Erregerstroms bei konstantbleibendem Ankerstrom J_a (s. Abb. 26). Die Kurve liegt tiefer als bei Leerlauf; sie ergibt sich durch Parallelverschiebung der Leerlaufkurve nach unten. Je größer J_a, um so größer ist diese Verschiebung; sie ist angenähert proportional zu J_a und eine Folge des Ohmschen (bei Wechselstrom auch des induktiven) Spannungsabfalls im Anker und der Rückwirkung der Anker-AW auf den Magnetismus des Erregerstroms.

§ 4. Verluste in elektrischen Maschinen.

Man unterscheidet mechanische, magnetische und elektrische Verluste. Die mechanischen Verluste zerfallen in Luft-, Lager- und Bürstenreibung, die magnetischen Verluste in Hysterese und Wirbelströme in Anker und Polschuhen, die elektrischen Verluste in Joulesche Wärme im Anker, in der Erregung und im Regler. Der allgemeine Charakter dieser Verluste ist durch Abb. 28 gekennzeichnet: sie setzen sich zusammen aus einer von der Belastung ziemlich unabhängigen Größe — den Leerlaufverlusten — und einem Glied, das quadratisch mit der Belastung steigt (Joulesche Wärme im Anker). Bei Normallast sind beide Teile der Größenordnung nach gleich.

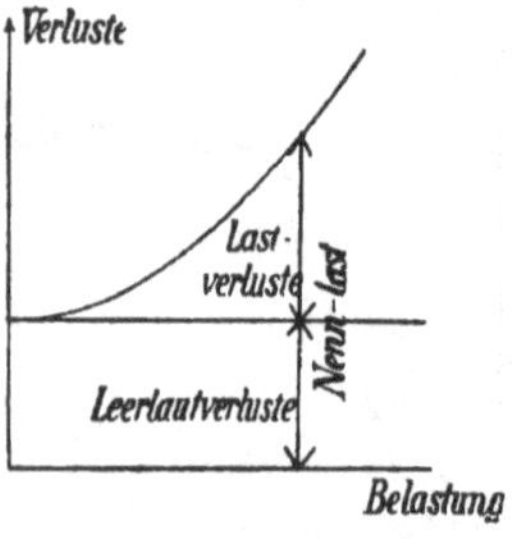

Abb. 28. Charakter der Verlustkurve bei elektrischen Maschinen.

a) Regeln des VDE für die Messung der Verluste. Nach den REM § 58 unterscheidet man Leerverluste, Erregerverluste und Lastverluste. Die Leerverluste umfassen die Eisen- und mechanischen Verluste; sie werden nach dem Motor- oder Generatorverfahren ermittelt. Beim Motorverfahren wird die Maschine als Motor bei Nenndrehzahl leerlaufend betrieben, und zwar bei Generatoren mit der Nennspannung zuzüglich, bei Motoren abzüglich des Ohmschen Spannungsabfalls. Beim Generatorverfahren wird die Maschine im Leerlauf und mit Nenndrehzahl durch einen geeichten Hilfsmotor angetrieben und auf Nennspannung erregt. Die Leistungsaufnahme abzüglich der Stromwärme und Erregerverluste gilt als Leerverlust.

Die Erreger- und Laststromwärmeverluste werden aus den mit Gleichstrom gemessenen Widerständen berechnet; für den Spannungsabfall infolge des Bürstenübergangswiderstandes wird bei Kohle- und Graphitbürsten 1 V für jede Bürste, bei metallischen Bürsten 0,3 V für jede Bürste eingesetzt.

Durch diese Methode werden die Zusatzverluste nicht mit erfaßt, sie sind eine Folge der magnetischen Feldverzerrung, der Kommutierung, der Wirbelströme in Metallmassen und der Stromverdrängung.

Die Zusatz- und Stromwärmeverluste werden bei Gleichstrom nach dem Kurzschlußverfahren bestimmt. Die Maschine wird durch einen geeichten Motor angetrieben, bei normaler Drehzahl über einen Strommesser kurzgeschlossen und nur so stark erregt, daß der durch den Anker fließende Kurzschlußstrom gleich dem Nennstrom ist. Die Leistungsaufnahme ausschließlich Reibung und Erregung gilt als Summe der Stromwärme- und zusätzlichen Verluste. Als Näherungswerte werden für die Zusatzverluste angenommen:

Gewöhnliche Gleichstrommaschinen	1%	der Normallast
Kompensierte „	0,5%	„ „

Diese Verluste sind angenähert proportional dem Quadrat der Stromstärke.

b) Die Aufnahme der Auslaufkurve (s. I, § 4, 1) gestattet ebenfalls eine Bestimmung der Leerlaufverluste, wenn das Trägheitsmoment bekannt ist. Je nach der Stärke der Erregung und der Höhe der magnetischen Verluste läuft die Maschine verschieden schnell aus.

§ 5. Trennung der Verluste.

a) Trennung der magnetischen und mechanischen Verluste. α) Auslaufmethode. Man läßt die

Maschine mit und ohne Erregung auslaufen. Die Differenz der Verluste für eine bestimmte Drehzahl, für die diese Verluste bestimmt werden sollen, ergibt ohne weiteres die magnetischen Verluste. Die Auslaufkurve ohne Erregung ergibt direkt die mechanischen Verluste.

β) Die Maschine läuft als Motor leer, die Drehzahl wird unter Schwächung der Erregung und gleichzeitiger Abnahme der Ankerspannung konstant gehalten, die Verluste werden nach Abb. 29 nach Abzug der Ankerwärme in Funktion der Erregung aufgetragen; durch Extrapolation gewinnt man die der Erregung Null entsprechenden Verluste. Da in diesem Falle die magnetischen Verluste verschwinden, bleiben nur noch die Reibungsverluste V_R übrig. Das Verfahren wird für verschiedene Drehzahlen ausgeführt und die Reibung als Funktion der Drehzahl aufgetragen. (Vor den Versuchen Einlaufen der Maschine!)

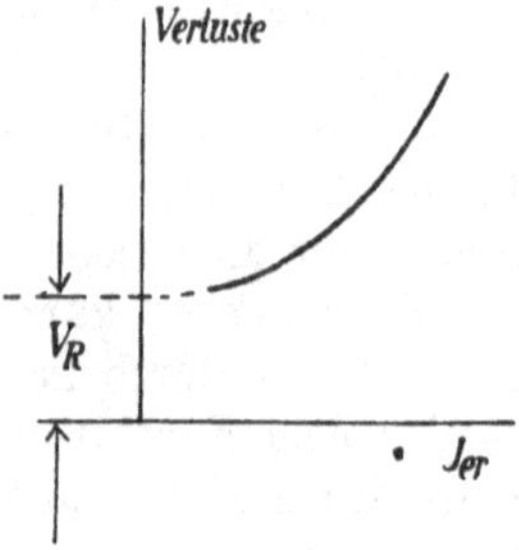

Abb. 29. Bestimmung der Reibungsverluste.

b) Die **Trennung der Lager- und Luftreibung** ist schwer exakt durchzuführen, während die Bürstenreibung durch eine Differenzmessung bestimmt wird, indem man die Maschine einmal mit und dann ohne Bürsten auslaufen läßt. Die Differenz ergibt die Bürstenreibung. Zur Trennung der Luft- und Lagerreibung (s. ETZ 1905, S. 794, und 1908, S. 1253, Archiv XII, 1923, Vieweg) kann man von der annähernd richtigen Annahme ausgehen, daß bei Geschwindigkeiten, die gering sind im Verhältnis zur normalen, die Luftreibung schon aus dem Grund vernachlässigt werden kann, weil sie sonst bei normalen Drehzahlen einen unzulässig hohen Betrag annehmen müßte, entsprechend der Tatsache, daß sie ungefähr mit der 3. Potenz der Geschwindigkeit zunimmt. Bei geringen Drehzahlen besteht daher der Reibungsverlust fast nur in Lagerreibung. Man berechnet für diese niedrigen Drehzahlen nach einer Formel (z. B. von Lasche ZVDI 1902, S. 1881) die Abhängigkeit der Lagerreibung von der Zapfengeschwindigkeit, erhält durch diese Formel die Lagerreibung auch bei höheren Drehzahlen und durch Subtraktion die Luftreibung. Diese Methode gibt wegen der Unsicherheit der Formel für die Lagerreibung nur angenäherte Werte. Eine elegante experimentelle Durchführung der Trennung ist von Vieweg angegeben worden: Mit der Lagerreibung ist eine Temperaturerhöhung im Lager verbunden, die ihrerseits eine Funktion der Beschaffenheit des Lagers und Schmiermittels ist; würde keine Temperaturerhöhung eintreten, so wäre die Lagerreibung verschwindend klein. Man trägt nach Abb. 30 für eine bestimmte Drehzahl über der Temperaturerhöhung als Abszisse die Reibungsverluste als Ordinate auf. Bei Benutzung verschiedener dünn- und schwerflüssiger und konsistenter Schmiermittel erhält man andere Reibungsverhältnisse, d. h. verschiedene Reibungsverluste und Temperaturerhöhungen. Man extrapoliert die Kurve bis zur Übertemperatur Null. Die von dieser Kurve auf der Ordinatenachse abgeschnittene Länge ist die Luftreibung V_L. Grundbedingung für die Ausführung des Versuches:

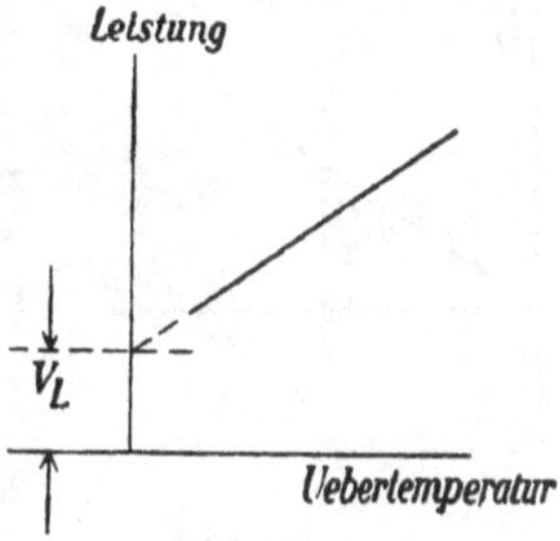

Abb. 30.
Bestimmung der Lagerreibung.

1. Stationäre Lagertemperatur abwarten.

2. Keine Erwärmung der Lager durch Ummagnetisierung und Wirbelströme; daher werden die Versuche zweckmäßig bei geringer Magnetisierung durchgeführt.

c) Die Trennung der Hysterese und Wirbelströme erfolgt auf Grund der Annahme, daß bei konstantem Magnetismus die Hysterese V_h linear, die Wirbelstromverluste V_w quadratisch mit n wachsen, also

$$V_h = n\,c_h;\; V_w = n^2 \cdot c_w;\; \frac{V_{\text{Eisen}}}{n} = \frac{V_h + V_w}{n} = c_h + n\,c_w.$$

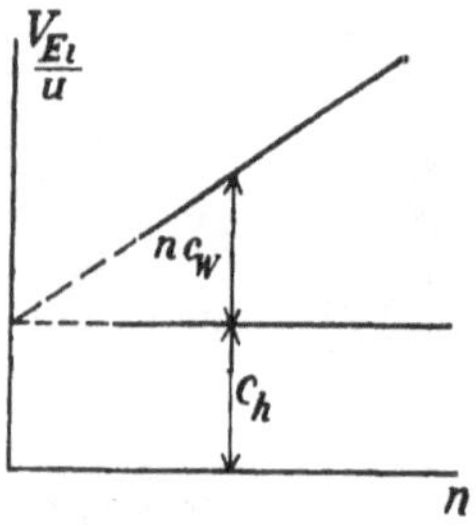

Abb. 31. Trennung der Hysterese- und Wirbelstromverluste.

Man läßt die Maschine als Motor mit konstantem Magnetismus und variabler Drehzahl leer laufen, zieht die Reibungs- und Stromwärmeverluste ab und erhält V_{Eisen} in Funktion von n. Man trägt n als Abszisse, $\frac{V_{\text{Eisen}}}{n}$ [1]) nach Abb. 31 als Ordinate auf und erhält c_h durch Extrapolation der Kurve bis zum Schnittpunkt mit der Ordinatenachse.

Die Messungen sind langwierig und meist ungenau, die Ergebnisse haben wenig praktische Bedeutung, da in erster Linie die gesamten Eisenverluste wichtig sind.

§ 6. Wirkungsgrad.

a) Bremsung der Maschine als Motor. Es ist $n = \frac{N_2}{N_1} = \frac{M\,\frac{2\pi n}{60}}{N_1}$, wobei M das gemessene Nutzmoment, N_1 die

[1]) In der Abb. 31 ist auf der Ordinatenachse fälschlich $\frac{V_{\text{Ei}}}{u}$ statt $\frac{V_{\text{Ei}}}{n}$ eingetragen worden.

zugeführte Leistung bedeuten. Die Drehzahl und die magnetische Beanspruchung des Motors müssen hierbei die gleichen sein wie im Betriebszustand. Wird M in mkg* und N_1 in Watt gemessen, so geht man bei der Umrechnung auf die gleichen Maßeinheiten am einfachsten von der Tatsache aus, daß 736 Watt und 75 mkg*/sec einer PS entsprechen; man hat daher den Zähler durch 75, den Nenner durch 736 zu dividieren, oder aber man berücksichtigt, daß 9,81 Watt 1 mkg*/sec entsprechen.

b) Das zugeführte oder abgegebene Moment wird mittels Torsionsmessung einer mit der zu untersuchenden Maschine verbundenen Welle oder einer Pendeldynamo, die abgegebene bzw. zugeführte Leistung elektrisch gemessen.

c) Für eine bestimmte Belastung N_2 werden die Verluste V bestimmt; es ist dann $\eta = \frac{N_2}{N_1} = \frac{N_2}{N_2 + V} = \frac{N_1 - V}{N_1}$, wobei N_1 und N_2 die zugeführte und abgegebene Leistung sind.

d) Rückarbeitungsmethoden (Hopkinson): Stehen zwei gleiche Gleichstrommaschinen zur Verfügung, so kuppelt man sie zusammen und läßt die eine als Motor laufen, die andere als Generator aufs Netz zurückarbeiten. Die Erregung des Generators muß $>$ sein als die des Motors, die Magnetisierung daher ungleich; ferner ist der Strom im Motor $>$ als im Generator, die Joulesche Wärme daher auch ungleich. Obgleich hiernach die Verluste, die Belastung und Wirkungsgrad nicht gleich sind, so kann man doch in erster Annäherung in der Nähe der Nennlast $\eta_m = \eta_g$ setzen.

Die dem Motor zugeführte Leistung ist $= N_1$.

Die dem Generator zugeführte Leistung ist $= N_1 \eta_m$.

Die vom Generator abgegebene Leistung ist $= (N_1 \eta_m) \eta_g$.

Der Wirkungsgrad η des Systems $= \frac{(N_1 \eta_m)\eta_g}{N_1} = \eta_m \eta_g$.

Setze $\eta_m \approx \eta_g$, so ergibt sich $\eta_m \approx \eta_g = \sqrt{\eta}$.

Für eine genaue Bestimmung von η ist die Verteilung der Verluste auf beide Maschinen notwendig.

Der Vorteil der Anordnung besteht einmal darin, daß nur so viel Energie aus dem Netz entnommen wird, als zur Deckung der Verluste benötigt wird, sodann in der erhöhten Meßgenauigkeit, da man die Verluste durch Messung des Differenzstromes $I_m - I_g$ direkt messen kann.

Über Spezialschaltungen, wenn beide Maschinen genau gleich belastet werden sollen, siehe ETZ 1909, S. 865. Über die Anwendung der Methode bei Transformatoren siehe Abschnitt V, S. 85.

§ 7. **Erwärmung** (REM § 31).

Den Unterschied der Temperatur einer Maschine und der des Kühlmittels (meist Luft) bezeichnet man als Erwärmung. Die Maschinen für Dauerbetrieb werden so lange normal belastet, bis die Erwärmung nicht mehr merklich, d. h. nicht mehr als 2° pro Stunde zunimmt, jedoch höchstens 10 Stunden. Die Endtemperatur T_e wird auf folgende Weise festgelegt: Die in gleichen Zeitintervallen Δ_z erfolgte Temperaturzunahme Δt_1, $\Delta t_2 \ldots$ wird aus der Kurve (Abb. 32) entnommen und die Δt in Funktion der erreichten Temperatur aufgetragen. Die Enden der Δt-Strecken liegen angenähert auf einer Geraden, die bis zum Schnittpunkt mit der Ordinatenachse verlängert wird. Dieser Punkt ist T_e.

Die Temperaturzunahme wird mit dem Thermometer (örtliche Erwärmung) oder aus der Widerstandszunahme von Kupferspulen (mittlere Erwärmung), gelegentlich auch mit Thermoelementen gemessen.

Die Erwärmung Δt der Kupferwicklung ergibt sich aus der Formel: $R_{\text{warm}} = R_{\text{kalt}}\,(1 + 0{,}004\,\Delta\,t)$.

Diese Formel deckt sich in den meisten Fällen mit der in den REM angegebenen:

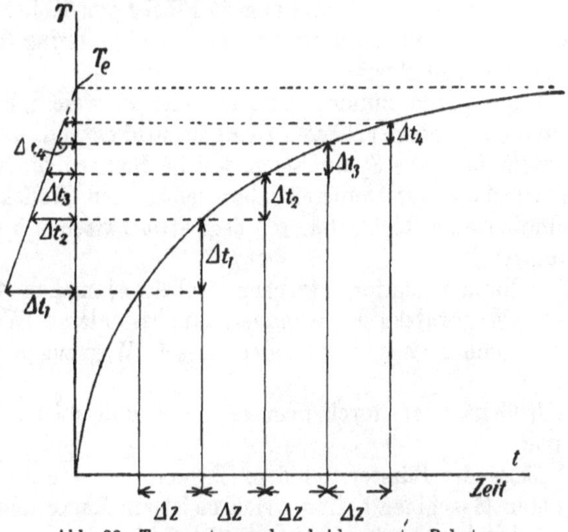

Abb. 32. Temperaturzunahme bei konstanter Belastung.

$$\Delta\,t = \frac{R_{\text{warm}} - R_{\text{kalt}}}{R_{\text{kalt}}}(235 + T_{\text{kalt}}) - (T_{\text{kühlmittel}} - T_{\text{kalt}}),$$

wobei T_{kalt} die Temperatur der kalten Wicklung bedeutet.

§ 8. Störungen und Fehler an elektrischen Maschinen.

a) Funken am Kollektor kommen meist aus folgenden Gründen vor: α) Kollektor unrund. Abschmirgeln mit Schmirgelklotz und feinem Glaspapier oder Schmirgelleinwand, evtl. abdrehen; nachher sorgfältiges Wegblasen oder Absaugen des Kupferstaubes, namentlich aus der Isolation zwischen den Kupferlamellen, sonst bilden sich leitende Brücken zwischen Kollektorlamellen.

β) Bürsten liegen lose in den Bürstenhaltern oder vibrieren, berühren nicht auf ihrer ganzen Fläche den Kollektor, sondern nur an einer Kante, Bürstendruck zu gering (normal 100 bis 150 g^*/cm^2).

γ) Ungeeignete Bürsten, zu hart oder zu weich; harte Bürsten haben einen größeren Übergangswiderstand, eignen sich mehr für hohe Spannungen, weiche Bürsten für hohe Stromstärken, verschmieren aber leicht den Kollektor. Stromdichte bei Kohlenbürsten liegt etwa zwischen 5 und 20 amp/cm^2.

δ) Glimmerisolation zwischen Kollektorlamellen tritt hervor: Wegkratzen des Glimmers mit besonderem Werkzeug, nachher Wegblasen oder besser Wegsaugen des Staubes.

ε) Kollektor ist durch ungeeignete Schmiermittel verschmiert.

ζ) Lage der Bürsten auf dem Kollektor ist falsch. Bei kleineren Maschinen befindet sich meist am Lager und an der Bürstenbrücke eine Marke, die die richtige Lage angibt, manchmal auch 2, je nachdem Maschine als Motor oder Generator läuft; beim Generator werden Bürsten in Bewegungsrichtung, beim Motor gegen die Drehrichtung verstellt. Bei Maschinen mit Drehrichtung nach beiden Seiten (z. B. Fördermaschinen, meist mit Wendepolen und Kompensationswicklung) liegen die durch Bürsten kurzgeschlossenen Wicklungselemente in der geometrisch neutralen Lage zwischen den Polen, die Bürsten selbst meist vor der Mitte der Pole.

η) Unterbrechung einer Wicklungsabteilung, Schluß zwischen Wicklungsabteilungen, Körperschluß.

ϑ) Zu starker Ankerstrom, schwacher Magnetismus, hohe Drehzahl.

b) Generator erregt sich nicht: Falsche Verbindung der Ankerklemmen mit Erregerwicklung, zu großer Widerstand im Erregerkreis, zu geringe Remanenz, zu geringe Drehzahl; Ankerkreis geschlossen, bevor sich die Maschine erregt hat.

c) Maschine wird zu warm: Zu hoher Ankerstrom, Ringe der Ringschmierung werden nicht mitgenommen, zu wenig Öl in Lagern, Schluß zwischen Wicklungsabteilungen oder gegen Körper.

d) Nebenschlußgleichstrommotor läuft nicht an: Erregung unterbrochen oder zu schwach.

e) Drehstrommotor läuft nicht an: Wicklungen von Stator oder Rotor unrichtig geschaltet, insbesondere Anfang und Ende einer Phase vertauscht, dadurch Ströme nicht um 120°, sondern um 60° verschoben. Ist der Stator falsch geschaltet, so nehmen 3 Phasen verschiedene Ströme auf; liegt der Fehler am Rotor, so bilden Spannungen an den 3 Rotorenden kein gleichseitiges Δ.

3. Kapitel.

Messungen an Gleichstrommaschinen.

§ 1. Widerstandsmessungen.

a) Ankerwiderstand. Dem ruhenden Anker wird der Strom I von außen zugeführt und die Spannung U an den Bürstenbolzen gemessen. Um sich von der zufälligen Lage des Ankers freizumachen, dreht man den Anker bei unerregter Maschine ganz langsam links und dann rechts herum und nimmt das Mittel; die Werte sind wegen der

Remanenz etwas voneinander verschieden; oder besser: man führt den Versuch bei ruhendem Rotor, aber in verschiedenen Lagen gegenüber dem Stator aus, da bei der Drehung die Stromübergangsverhältnisse und damit die Stromstärke und -spannung sich dauernd ändern. Es ist $R = \frac{U}{I} =$ Anker- plus Bürstenübergangswiderstand; der Widerstand in den Bürsten selbst ist fast stets zu vernachlässigen. Um den Widerstand der Ankerwicklung allein zu bestimmen, muß man die Messung unabhängig von den Bürsten ausführen. Bei zweipoligen Maschinen sind zwei auf den gleichen Kollektorlamellen wie die Hauptbürsten aufliegende isolierte Hilfsbürsten als Abzweigpunkte mit dem Spannungsmesser verbunden (s. II, 1a, S. 33). Bei mehrpoligen Maschinen mit einfach geschlossener Wicklung ohne Äquipotentialverbindungen führt man den Strom einem beliebigen Bürstensatz zu und hebt alle übrigen Bürsten bis auf einen zweiten Bürstensatz ab, der so zum ersten liegt, daß der Anker durch die beiden Bürstensätze in zwei gleiche Teile geteilt wird. Die Spannung wird wieder mittels isolierter, auf dieselben Lamellen wie die Hauptbürsten ruhender Prüfbürstchen gemessen. Diesen Bürstensatz findet man am einfachsten durch Probieren als denjenigen, für den sich der größte Ankerwiderstand ergibt; er braucht nicht räumlich um 180° gegen den ersten verschoben zu sein. In der Abb. 33 ist schematisch eine geschlossene Wicklung angedeutet; A ist der eine Bürsten-

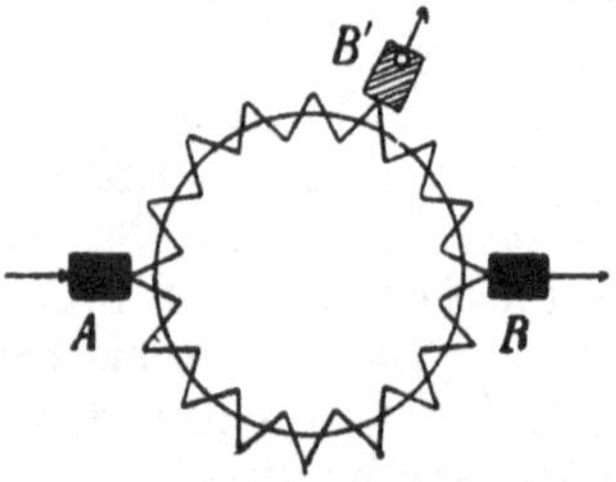

Abb. 33. Messung des Ankerwiderstandes einer mehrpoligen Maschine.

satz, der Widerstand der Wicklung ist dann ein Maximum, wie sich aus den Kirchhoffschen Gesetzen der Stromverzweigung ergibt, wenn durch den Bürstensatz B, durch den der Strom austritt, die Wicklung in zwei gleiche Teile geteilt wird; für jeden anderen Bürstensatz B' ist der Gesamtwiderstand kleiner.

Bei Reihenschaltung ist der gemessene Widerstand R gleich dem Ankerwiderstand im Betriebszustand, bei Parallelschaltung ist der Ankerwiderstand im Betriebszustand gleich dem gemessenen Widerstand R dividiert durch das Quadrat der Polpaarzahl p.

b) Der Übergangswiderstand $R_ü$ wird als Differenz des Widerstandes: Anker + Bürsten und Anker allein berechnet. $R_ü$ ist bei Kohlenbürsten um so $<$, je $>$ die Stromdichte, der Auflagedruck und je höher die Temperatur. In erster Annäherung kann die Spannung zwischen einer Bürste und dem Kollektor als unabhängig von der Stromstärke angenommen werden. Nach den REM rechnet man pro Bürstensatz 1 V bei gewöhnlichen Kohlenbürsten, 0,3 V bei metallhaltigen Kohlenbürsten.

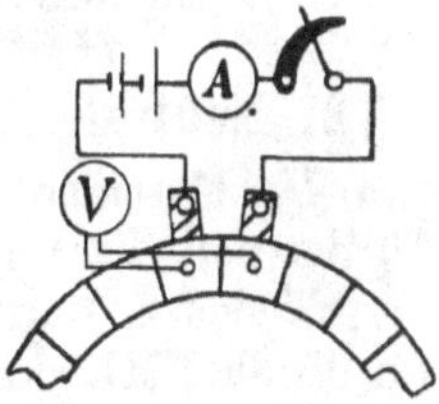

Abb. 34. Widerstand eines Ankerwicklungselementes.

c) Den Widerstand der einzelnen Wicklungselemente zwischen zwei benachbarten Kollektorlamellen bestimmt man nach Abb. 34, indem man diesen Lamellen Strom zuführt und die Spannung mittels isolierter Bürstchen mißt. Bei der Drehung um eine Lamelle darf sich der Widerstand nicht ändern. Der erhaltene Wert R fällt etwas zu klein aus, da parallel zum Wicklungselement nach Abb. 35 die Summe der übrigen in Reihe geschalteten Elemente liegt. Es möge der Widerstand des einen Elements mit R_1 be-

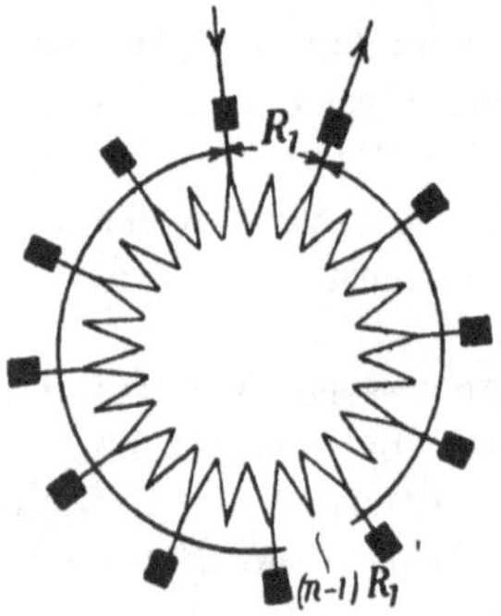

Abb. 35. Stromverzweigung im Anker bei Schaltung nach Abb. 34.

zeichnet werden, dann ist der parallel geschaltete Widerstand $= (n-1)\,R_1$, wenn n untereinander gleiche Elemente auf dem Anker zu n Kollektorlamellen führen. R_1 ergibt sich nach den Kirchhoffschen Gesetzen der Stromverzweigung aus dem gemessenen Widerstand R zu:

$$R_1 = R\,\frac{n}{n-1}\,.$$

§ 2. Neutrale Zone der unbelasteten Maschine.

a) Die Maschine läuft mit verminderter Drehzahl (etwa $^1/_3$ der normalen) als Generator. Man mißt die EMK bei verschiedenen Bürstenstellungen. Die Lage ist richtig, für die die EMK ein Maximum. Die unternormale Drehung ist notwendig, weil bei höheren Drehzahlen die Ströme in den durch die Bürsten kurzgeschlossenen Wicklungselementen störende magnetische Wirkungen ausüben.

b) Der Anker steht still, die Bürsten sind über ein Galvanometer geschlossen. Die Erregung wird plötzlich ein- oder ausgeschaltet, bzw. verstärkt oder abgeschwächt. Die Bürstenlage ist richtig, für die das Galvanometer nicht ausschlägt. In der Abb. 36 sind die EMKe der Induktion in den Ankerdrähten unter der Voraussetzung eingetragen, daß der magnetische Fluß im Zunehmen begriffen ist. Sind die Bürsten nicht in der neutralen Lage — in der Abb. 36 auf der Innenseite des Ankerringes angedeutet —, so heben sich die in den einzelnen Wicklungsabteilungen induzierten EMKe nicht auf, das Galvanometer schlägt aus.

c) Die Maschine läuft als Motor leer. Die Bürstenlage entspricht der neutralen Zone, wenn bei konstanter Netzspannung die Drehzahl ein Minimum.

d) Man mißt nach Abb. 37 beim leer laufenden Generator die Spannung zwischen der Zu- und Ablaufkante der Bürsten. Diese Spannung ist ein Minimum, wenn die durch je eine Bürste kurzgeschlossenen Ankerwicklungsabteilungen in der neutralen Zone liegen, da in diesem Fall in diesen Elementen keine merklichen EMKe induziert werden.

Abb. 37. Spannung zwischen beiden Bürstenkanten.

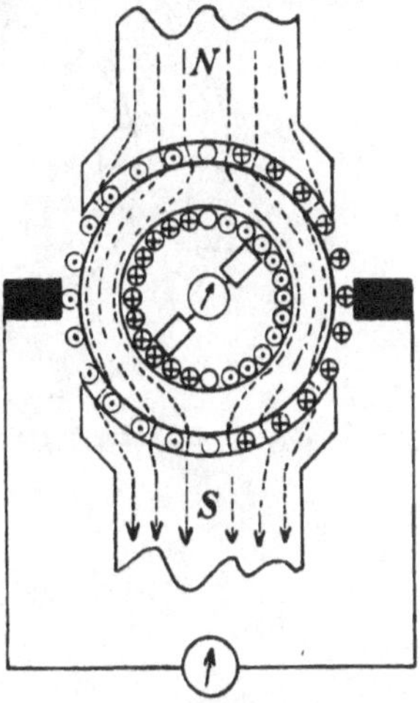

Abb. 36. Bestimmung der neutralen Zone durch Änderung des magnetischen Flusses.

§ 3. Spannungskurve am Kollektor.

Man verschiebt bei der Nenndrehzahl nach Abb. 38 eine längs eines Teilkreises T drehbare, schmale Hilfsbürste rund um den Anker, mißt ihre Spannung gegen eine Hauptbürste und trägt nach Abb. 39 die Winkelstellung als Abszisse, die Spannung U gegen die Hauptbürste als Ordinate auf. Kontrollmessung durch Messung der Hilfsbürste gegen die andere Hauptbürste! Die Abszissenlänge von 360^0 teilt man sodann in so viel Teile, als Kollektorlamellen vorhanden sind. In der Abbildung sind der besseren Übersicht halber nur wenig Lamellen angenommen. Man legt durch

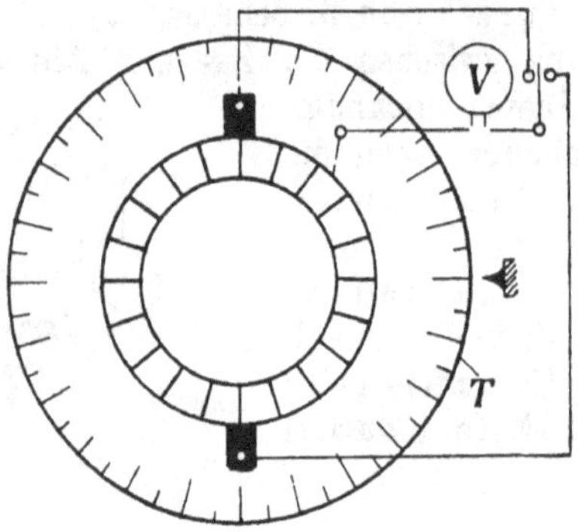

Abb. 38. Spannungskurve am Kollektor. Versuchsapparatur.

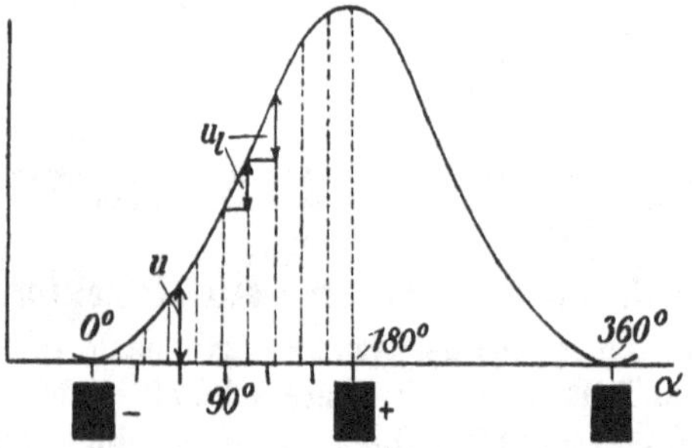

Abb. 39. Spannungskurve am Kollektor. Lamellenspannung.

diese Teilpunkte Vertikale, die durch die Kurve begrenzt werden. Die Lamellenspannung u_l ergibt sich als Differenz zweier benachbarter Ordinaten.

§ 4. Feldkurven.

a) Die Feldkurve (Stärke $\mathfrak{H}$ des Magnetfeldes längs des Ankerumfangs) ergibt sich aus der Spannungskurve am Kollektor durch Differentiation, wenn die Ankerwicklung eine gewöhnliche Schleifenwicklung ist und Hin- und Rückführung einer Schleife ungefähr um eine Polteilung verschoben sind. In Abb. 40 gibt *a* die Feldkurve bei Leerlauf, *b* bei Stromentnahme, *c* das Ankerfeld, wenn die Erregung ausgeschaltet ist. Die Kurve *c* hat eine Einsattelung, da an dieser Stelle zwar die Anker-AW ein Maximum betragen, dagegen gleichzeitig auch der magnetische Widerstand für das Ankerfeld (Querfeld) am größten ist (s. hierüber John, ETZ 1928, S. 1637). Die Genauigkeit der nach dieser Methode aufgenommenen Feldkurven ist gering, da bei der Differentiation die Fehler der Grundkurve im erhöhten Maß zum Ausdruck kommen und die genaue Konstruktion der Differentialkurve an sich schwierig ist. Ferner wird nur der zeitliche Mittelwert des Feldes erhalten, die Feldpulsationen infolge der Ankernutung treten nicht in die Erscheinung.

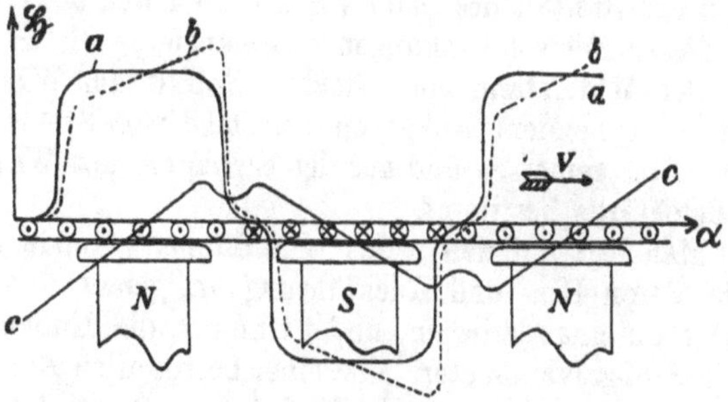

Abb. 40. Feldkurven bei Leerlauf und Belastung.

b) Eine längliche, schmale und dünne Prüfspule, deren Längsseite in die Richtung der Maschinenachse fällt, wird mit einem Stoßgalvanometer verbunden. Man legt die Spule an verschiedene Stellen des Luftspaltes zwischen Polschuh und stillstehendem Anker und mißt den Galvanometerausschlag beim schnellen Herausziehen der Spule aus dem Feld. Man erhält etwas andere Werte, je nachdem die Spule einer Nute oder einem Zahn des Ankers gegenüberliegt. Macht man ihre mittlere Schmalseite gleich der Breite eines Zahnes und einer Nute, so ist man von diesen Feldschwankungen unabhängig.

c) Der Widerstand einer flachen Spirale aus Wismut wird bei ruhendem Anker an verschiedenen Stellen des Luftspaltes gemessen und aus der Eichkurve des Wismuts die Feldstärke bestimmt.

d) Man legt auf den Anker eine dünne, schmale Prüfspule, deren Hin- und Rückführung um genau eine Polteilung auseinanderliegen, und verbindet die Enden mit einem Stoßgalvanometer. Von einer bestimmten Anfangslage ausgehend (z. B. der gleichachsigen Lage des Erregerfeldes und der Spule) dreht man den Anker plötzlich um einen Winkel α und mißt die dabei entstehenden EMK in der Spule durch den Ausschlag β des Galvanometers. Dieser Ausschlag wird in Abhängigkeit von α aufgetragen; durch Differentiation gewinnt man die Feldkurve.

Bei rotierendem Anker müssen die Enden der Prüfspule mit zwei Schleifringen verbunden sein, die zu einem Oszillographen führen; in diesem Fall erhält man die Feldkurven direkt.

e) Die Pulsationen des Magnetismus an den einzelnen Stellen der Polschuhe werden dadurch festgelegt, daß man an die zu untersuchende Stelle der Polschuhe eine lange, ganz flache und schmale Prüfspule aufklebt, die höchstens so breit wie ein Zahn oder eine Nute ist; die Spulenenden werden wiederum mit einem Oszillographen verbunden. Bei der Drehung des Ankers wird die Spule abwechselnd von einem größeren oder kleineren Fluß durchsetzt, je nachdem ihr ein Zahn oder eine Nute gegenüberliegt. Der Oszillograph gibt direkt die Flußänderungen an; die Frequenz der Pulsationen ist gleich der sekundlichen Drehzahl × der Zähnezahl. In Abb. 41 sind zwei Spulen *a* und *b* angedeutet, von denen *a* momentan mit einem Minimum, *b* mit einem Maximum von Linien verkettet ist.

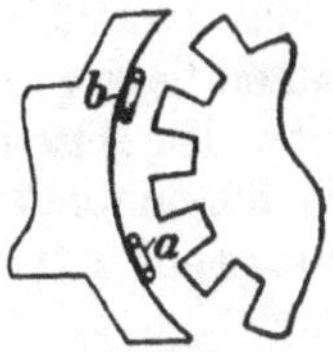

Abb. 41. Prüfspulen zur Messung der Feldpulsationen in den Polschuhen.

§ 5. Bürstenübergangsspannung.

Man mißt mittels Hilfsbürsten bei normaler Drehzahl und Erregung die Spannung zwischen einem Punkt des Kommutatorumfangs und dem einen Punkt der Bürste, der ihm in der Achsenrichtung gegenüberliegt. Da die Hauptbürste an allen Punkten praktisch dasselbe Potential

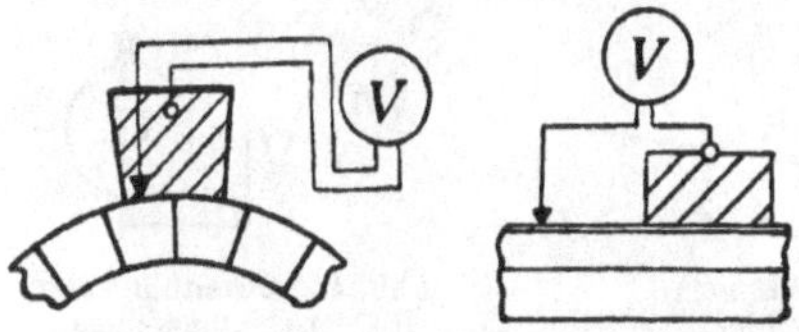

Abb. 42. Messung der Bürstenübergangsspannung.

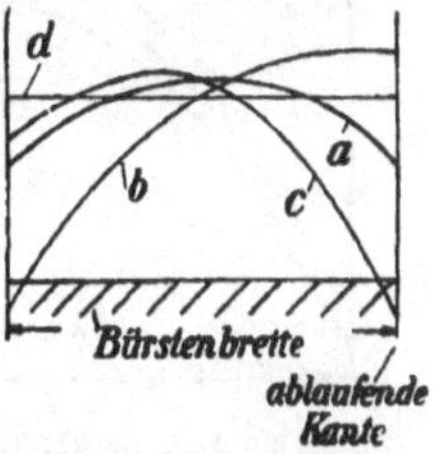

Abb. 43. Spannung zwischen Bürste u. Kollektor.

besitzt, so verbindet man die eine Voltmeterklemme nach Abb. 42 direkt mit der Bürste, verschiebt die Hilfsbürste in peripherischer Richtung auf dem Kollektor und trägt die gemessene Spannung nach Abb. 43 als Ordinate über die Lage der Hilfsbürste zur Hauptbürste auf. Aus dem

Verlauf der Kurven kann man auf die Kommutierung, den Stromverlauf in den über die Bürsten kurzgeschlossenen Ankerspulen und das kommutierende Feld zurückschließen. In Abb. 43 zeigt Kurve *a* eine normale Kommutierung, *b* eine (verfrühte) Unter- und *c* eine (verfrühte) Überkommutierung, während *d* einer konstanten Stromdichte unter den Bürsten entspricht; die schraffierte Fläche gibt die Bürstenbreite an; links ist die auflaufende, rechts die ablaufende Bürstenkante.

§ 6. **Reihenschlußgenerator** (Hauptstrom-, Seriendynamo).

Man nimmt bei der Nenndrehzahl die äußere Charakteristik, d. h. die Beziehung zwischen Ankerstrom I und Klemmenspannung U auf und erhält nach Abb. 44 die innere Charakteristik durch Addition des Ohmschen

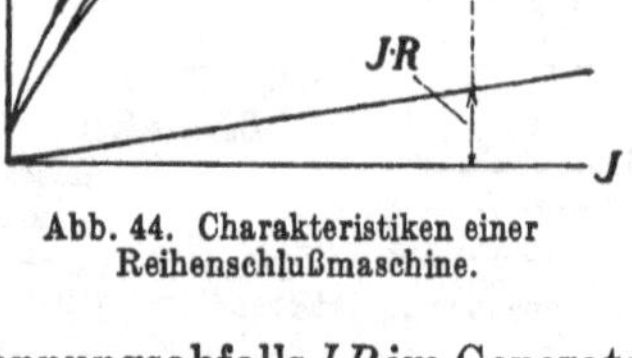

Abb. 44. Charakteristiken einer Reihenschlußmaschine.

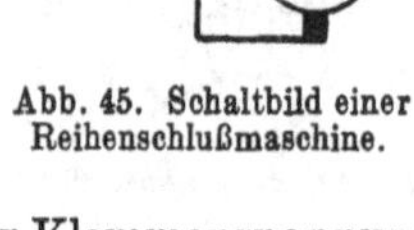

Abb. 45. Schaltbild einer Reihenschlußmaschine.

Spannungsabfalls IR im Generator zur Klemmenspannung. Am einfachsten konstruiert man die E-Kurve aus der U-Kurve, indem man im Ordinatenmaßstab IR für ein bestimmtes I aufträgt, den Endpunkt dieser Strecke mit dem Koordinatenvorsprung durch eine Gerade verbindet und für einen beliebigen Wert von I die durch diese Gerade begrenzte Ordinate zu der U-Kurve hinzuaddiert. Die Konstruktion ist nicht streng richtig, da der Bürstenübergangswiderstand $R_ü$ nach III, § 1 nicht konstant ist; da jedoch IR nur höchstens etwa 10% von U ausmacht, so kommt der Fehler von $R_ü$ in der Größe von E nur vermindert zum Ausdruck. Die innere Charakteristik liegt infolge der Ankerrückwirkung und Bürstenverschiebung etwas tiefer als die Leerlaufcharakteristik (EMK-Kurve bei derselben Erregung und Drehzahl nach II, § 3).

Abb. 45 zeigt schematisch die Schaltung der Maschine unter Weglassung der Schalter und Sicherungen; als Belastung sind Glühlampen angenommen.

§ 7. Nebenschlußgenerator.

Abb. 46 gibt das Schaltbild wieder. Damit beim Ausschalten der Erregung keine EMK (damit verbunden Verbrennung der Kontaktfedern und Knöpfe, Durchschlag der Wicklung, empfindliche Schläge) auftreten, ist am Nebenschlußregler ein Kurzschluß- oder Ausschaltekontakt angebracht, der mit dem Regler elektrisch nicht verbunden ist und zu dem einen Ende der Erregung führt; im Betrieb ist diese Leitung stromlos, in der Ausschaltestellung jedoch die Erregung durch diese Verbindung in sich kurzgeschlossen, so daß die magnetische Energie des Erregerfeldes in Joulesche Wärme der Erreger-

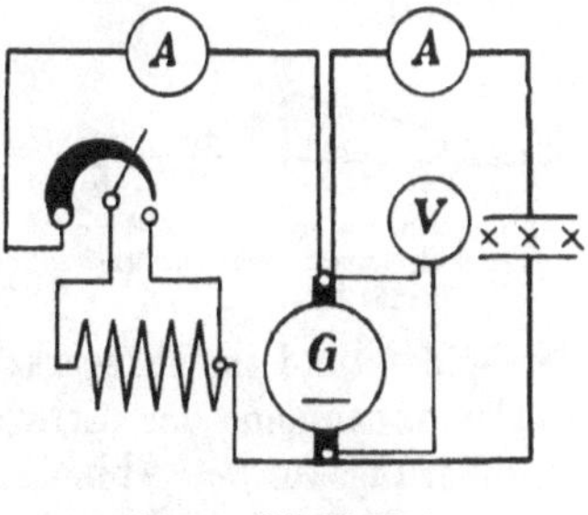

Abb. 46. Schaltbild einer Nebenschlußmaschine.

spule umgesetzt wird, ohne irgendwelchen Schaden anrichten zu können.

Die äußere Charakteristik gibt den Zusammenhang zwischen dem Nutz- oder Arbeitsstrom J und der Klemmenspannung U; sie wird bei der Nenndrehzahl und für verschiedene konstante Widerstände R im Erregerkreis aufgenommen. In Abb. 47 sind die Widerstandsstufen sehr grob, die Unterschiede in den Charakteristiken sehr groß gezeichnet. Soll die Klemmenspannung unabhängig von der Belastung konstant bleiben, so muß der Widerstand im Erregerkreis mit zunehmender Stromstärke abnehmen, der Erregerstrom i_{er} zunehmen. Die Regulierungskurve (Abb. 48) gibt den Zusammenhang zwischen Nutzstrom J und Erregerstrom i_{er} für eine gleichbleibende Spannung.

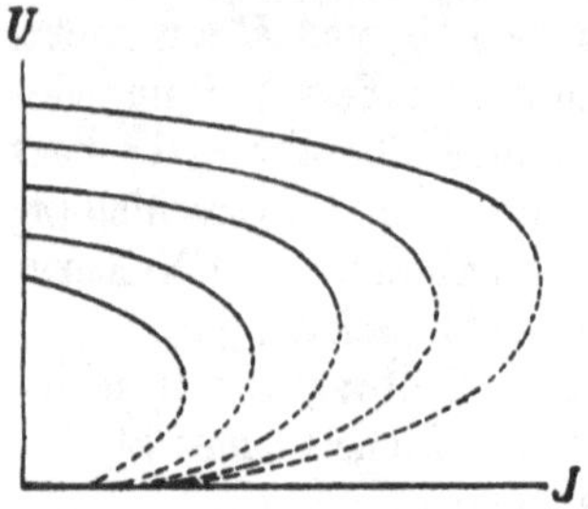

Abb. 47. Äußere Charakteristik einer Nebenschlußmaschine mit verschiedenen Widerständen im Erregerkreis.

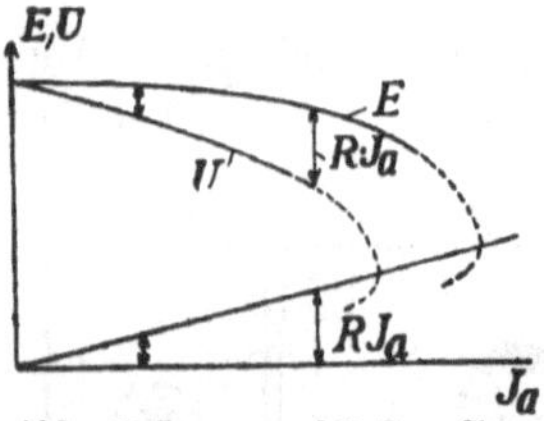

Abb. 48. Innere und äußere Charakteristik einer Nebenschlußmaschine.

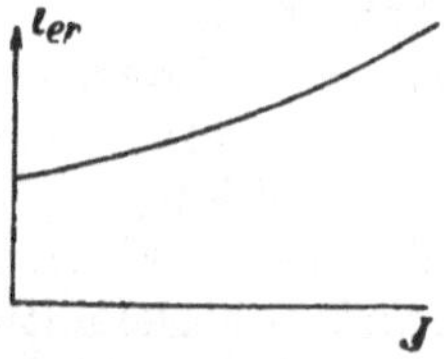

Abb. 49. Regulierungskurve einer Nebenschlußmaschine.

Die innere Charakteristik ergibt sich aus der äußeren durch Addition des Ohmschen Spannungsabfalls im Anker zur Klemmenspannung, wobei $J_{\text{anker}} = J + i_{er}$ (s. Abb. 49).

§ 8. Doppelschlußgenerator

(Compound-Gleichspannungsgenerator, Maschine mit gemischter Wicklung).

Von Ausnahmefällen abgesehen, sollen sich die Nebenschluß- und die bei Belastung hinzukommenden Reihenschluß-AW magnetisch unterstützen. Beim Gegenarbeiten der AW fällt die Spannung mit der Belastung sehr stark ab. Je nachdem bei Normallast die Klemmenspannung nicht denselben, sondern einen höheren oder niedrigeren Wert

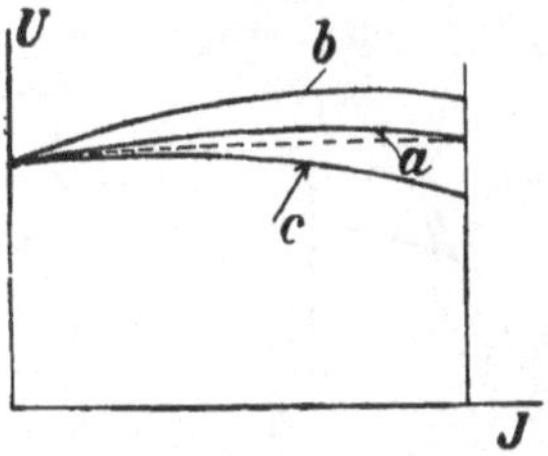

Abb. 50. Charakteristiken einer Doppelschlußmaschine.

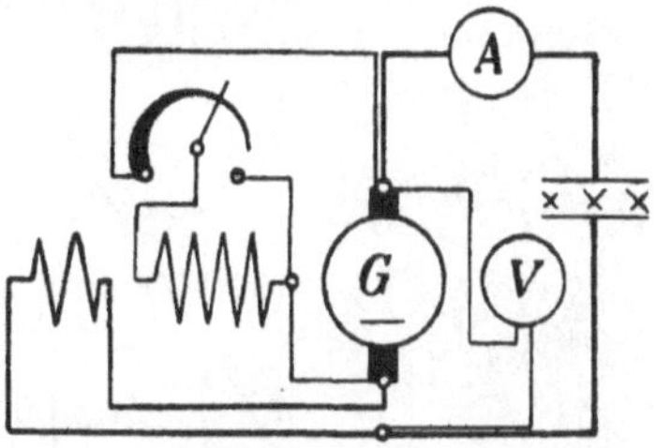

Abb. 51. Schaltbild einer Doppelschlußmaschine.

besitzt als bei Leerlauf, spricht man von einer Über- oder einer Untercompoundierung. In Abb. 50 entspricht *a* einer normalen Compoundierung; wegen der gekrümmten Gestalt der Magnetisierungskurve liegt die Kurve schwach konkav zur Abszissenachse, *b* einer Über- und *c* einer Untercompoundierung. Die innere Charakteristik ergibt sich wiederum durch Addition von $J_a R$ zur Klemmenspannung, wobei R der Widerstand von Anker plus Reihenschlußwicklung ist. Abb. 51 zeigt schematisch das Schaltungsschema eines Doppelschlußgenerators.

§ 9. Reihenschlußmotor.

a) Leerlauf. Würde man einen unbelasteten Reihenschlußmotor über einen Anlasser an ein seiner Nennspannung entsprechendes Netz anschließen und den Anlasser kurzschließen, so würde der Motor „durchgehen“, da infolge des geringen benötigten Stromes zur Deckung der Verluste die Erreger AW und damit auch der Fluß sehr gering sind. Trotzdem ist es oft, z. B. zur Berechnung der hierbei auftretenden Zentrifugalkräfte sehr wichtig, die Größenordnung dieser Drehzahl zu kennen: Man legt an den unbelasteten Motor eine niedrige Spannung U an, mißt n in Abhängigkeit von U, steigert U bis zur maximal zulässigen

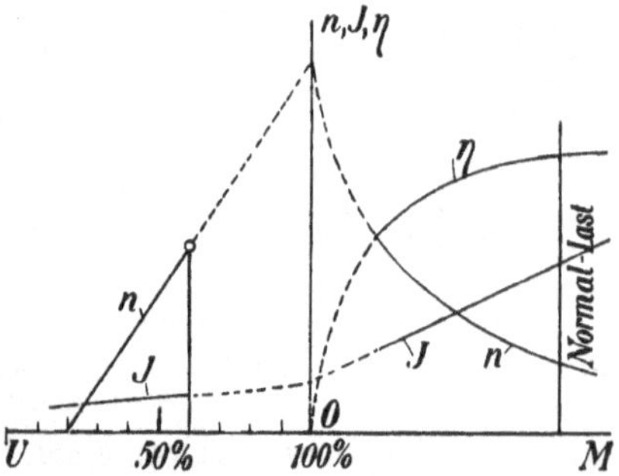

Abb. 52. Charakteristische Kurven eines Reihenschlußmotors.

Drehzahl und extrapoliert die n-Kurve bis zur Nennspannung (linke Seite der Abb. 52).

b) Betrieb bei Nennspannung. Das minimal zulässige Nutzmoment ist durch die maximal zulässige Drehzahl gegeben. Man mißt n, J, berechnet η für verschiedene Belastungszustände und trägt diese Größen über das nutzbar abgegebene Moment auf (s. Abb. 52, rechte Seite).

c) Betrieb bei variabler Spannung. Bleibt das Nutzmoment konstant und ändert sich U, so bleibt J konstant, da $M = c \cdot J \cdot \Phi = c \cdot J \cdot F(J)$, denn Φ ist nur eine

Funktion F von J; die Drehzahl dagegen ändert sich linear mit der Spannung, da

$$U = e + JR = c \cdot n \cdot \Phi + JR,$$

wo e die EMK im Motor und R den Widerstand des Motors bedeuten.

In Wirklichkeit nimmt J mit zunehmendem U und n etwas zu, da das von den Verlusten (mechanische Reibung, Wirbelströme) herrührende Moment des Motors ebenfalls zunimmt.

d) Anlaufmoment M_a: Da allgemein $M = c \cdot J \cdot \Phi$, so ist das Anlaufmoment nur insofern von U abhängig, als J sich dadurch ändert. Stellt man dagegen den Anlasser auf ein bestimmtes J ein, so ist M_a von U unabhängig. M_a steigt zunächst ungefähr quadratisch mit J, später nur noch linear, sobald der Sättigungszustand des Eisens erreicht ist.

§ 10. Nebenschlußmotor.

a) Schaltung, Anlassen, Tourenreglung. Beim Anlassen soll der magnetische Fluß, daher auch die Erregung möglichst groß sein, während der Strom im Anker durch den Anlasser begrenzt wird. Außerdem soll beim Ausschalten des Ankerkreises auch die Erregung vom Netz abgeschaltet werden, während Anker und Erregung zusammen stets in sich geschlossen bleiben müssen. Diesen Anforderungen entspricht die Schaltung nach Abb. 53. Der Nebenschlußregler (bei Motoren ohne Wendepole sind ca. 20% Tourenerhöhung zulässig) wird in dem Fall eingeschaltet, wenn eine

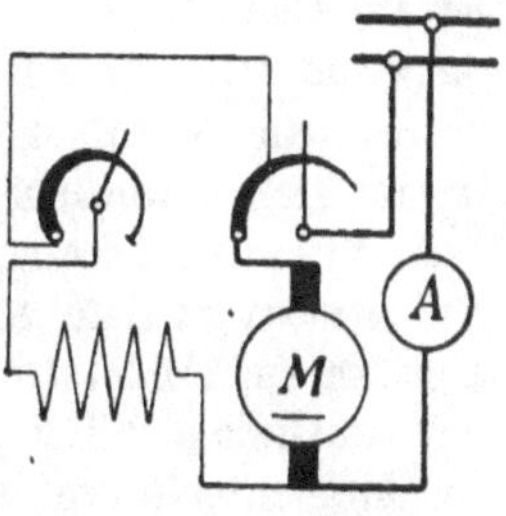

Abb. 53. Schaltbild des Nebenschlußmotors.

Feldschwächung und damit eine Tourenreglung verlangt wird. In keinem Fall darf der Nebenschlußkreis im Betrieb geöffnet werden, da sonst der unbelastete Motor genau so wie ein leerlaufender Reihenschlußmotor durchgehen würde; deshalb ist der Regler weder mit Ausschalte- noch mit Kurzschlußkontakt versehen, und die Erregerleitung muß besonders sorgfältig verlegt werden.

b) Betrieb bei konstanter Spannung U und Erregung. Entsprechend der Formel $U = c \cdot \Phi \cdot n + J R_{\text{anker}}$ nimmt die Drehzahl mit zunehmender Belastung (Stromstärke) nur wenig ab, da $J R_{\text{anker}}$ bei Vollast nur wenige Prozente von U ausmacht und Φ bei Belastung nur infolge der Ankerrückwirkung etwas zurückgeht.

c) Betrieb bei schwankender Spannung. Das Bremsmoment soll konstant bleiben, aber die Spannung kleiner werden. Wie ändern sich die elektrischen und mechanischen Größen? Φ nimmt ab, da die Erregung proportional mit der Spannung abnimmt; da das Moment $J \cdot \Phi$ konstant bleibt, muß J zunehmen. Falls die Spannungsabnahme so groß ist, daß der Magnetismus auf dem geradlinigen Teil der Magnetisierungskurve liegt, so wird der Zustand leicht labil, der Motor bleibt stehen, besonders wenn große Widerstände im Stromkreis liegen (z. B. Motor ist am Ende einer langen Leitung geschaltet), da mit zunehmendem J der Spannungsabfall in der Leitung immer größer, die Motorspannung und der Motormagnetismus immer kleiner werden.

d) Anlaufmoment. Bei konstanter Erregung ist das Anlaufmoment dem Ankerstrom direkt proportional; bei konstantem Ankerstrom steigt die Anlaufmomentkurve mit zunehmender Erregung i_{er} wie der Magnetismus, d. h. die Momentenkurve in Funktion von i_{er} sieht wie die Magnetisierungskurve aus.

Ist die Netzspannung unternormal, so wird der Magnetismus und daher auch das Moment bei gegebenem Ankerstrom unternormal; um trotzdem das volle Moment zu erhalten, muß der Ankerstrom vergrößert werden.

4. Kapitel.

Messungen an Ein- und Mehrphasen-Synchronmaschinen.

§ 1. Kurvenform (ETZ 1927, S. 1321).

Die Aufnahme erfolgt mit dem Oszillographen, in Ermanglung eines solchen mit der Kathodenstrahlröhre oder dem Momentankontakt. Eine möglichst geringe Abweichung von der Sinuskurve nicht nur bei Leerlauf. son-

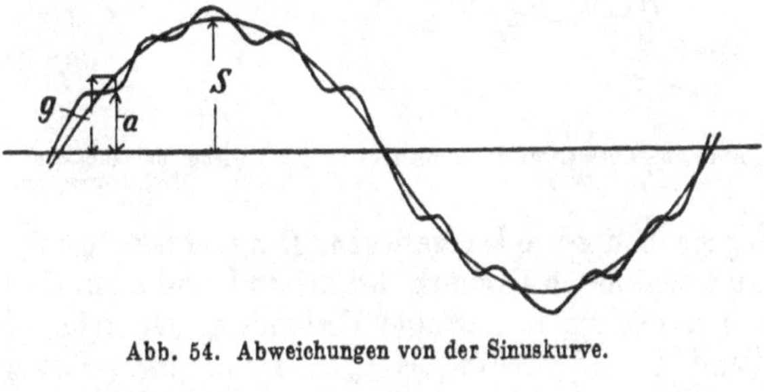

Abb. 54. Abweichungen von der Sinuskurve.

dern auch bei jeder Art Belastung (auch durch Kabel) wird fast allgemein verlangt. Nach den REM § 14 gilt eine Spannungswelle als praktisch sinusförmig, wenn keiner ihrer Augenblickswerte a vom Augenblickswert g gleicher Phase der Grundwelle (1. Harmonische) um mehr als 5% des Grundwellenscheitelwertes S abweicht (s. Abb. 54).

Für Kurven, die in allen Viertelperioden symmetrisch sind, ist $S = \frac{a_0 + a_1\sqrt{3} + a_2}{3}$, wobei a_0 der größte und a_1 und a_2 benachbarte Augenblickswerte sind, die vom erstgenannten a_0 um $^1/_{12}$ der Periode entfernt sind.

§ 2. Die Symmetrie bei Mehrphasensystemen (REM § 15)

wird bestimmt, indem man die Effektivwerte der Teilspannungen mißt und das entsprechende Polygon aufzeichnet. Jedes unsymmetrische Drehstromsystem abc läßt sich in ein symmetrisches rechtsläufiges ($a_r\ b_r\ c_r$) und

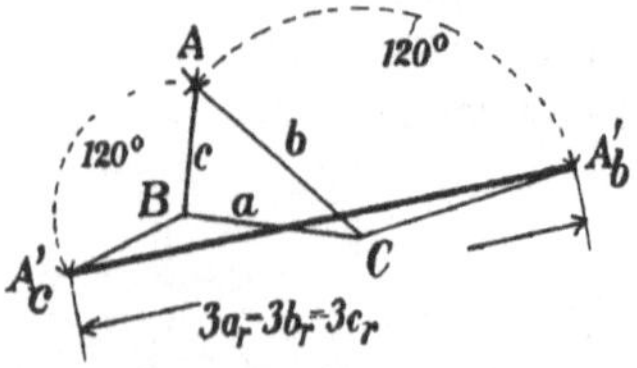

Abb. 55. Rechtsläufiges Drehstromsystem.

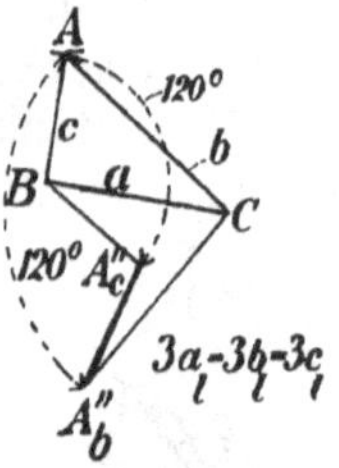

Abb. 56. Linkslaufiges Drehstromsystem.

ein gegenläufiges $a_l\ b_l\ c_l$ zerlegen. Das rechtsläufige System ergibt sich durch Drehung der Seiten b und c um C und B nach außen um je 120° und Verbindung der freien Enden A'_c und A'_b. Die Gerade $A'_b A'_c$ ist der dreifache Betrag der Spannung im symmetrischen rechtsläufigen System (s. Abb. 55). Schwenkt man b und c um C und B nach innen um 120° und verbindet wieder die freien Enden A''_b und A''_c, so ist $A''_b A''_c$ die dreifache Länge des symmetrischen linksläufigen Systems (Abb. 56) $= A''_b A''_c = 3a_l = 3b_l = 3c_l$. Das System gilt als symmetrisch, wenn das gegenläufige System nicht mehr als 5% des rechtsläufigen beträgt.

Die Messung ist aus dem Grunde wichtig, weil das gegenläufige Spannungssystem in der Regel zusätzliche Ströme erzeugt, die erhebliche Zusatzverluste und Bremsmomente bewirken können.

§ 3. Leerlauf- und Kurzschluß-Versuche.

a) Der Leerlauf wird nach II ausgeführt. Durch den Versuch erhält man nach der Gleichung $E_\lambda = \mathrm{k} W \Phi f / 10^{-8}$ Volt den Koeffizienten k, der von der Nutenzahl, Polschuhform usw. abhängig ist. Meist liegt k in der Gegend von 5. (W = Zahl der in Reihe geschalteten Ankerwindungen, Φ = Polfluß, f = Frequenz, E_λ = Leerlauf EMK).

b) Beim Kurzschlußversuch schließt man den Anker durch einen Strommesser kurz und trägt den Ankerstrom J_K in Funktion der Erregung auf; weit über den Nennstrom des Ankers hinaus ist J_K proportional zum Erregerstrom. Aus der Leerlauf- und Kurzschlußcharakteristik erhält man für jede Erregung die entsprechenden Werte J_K und E_λ. Die zu einem Wert J_K gehörige EMK E_λ kann man nach Abb. 57 zerlegen in einen Ohmschen ($J_K \cdot R$) und einen induktiven Spannungsabfall ($2\pi f \cdot L \cdot J_K$); $J_K R$ tritt meist gegen $2\pi f L J_K$ sehr stark zurück.

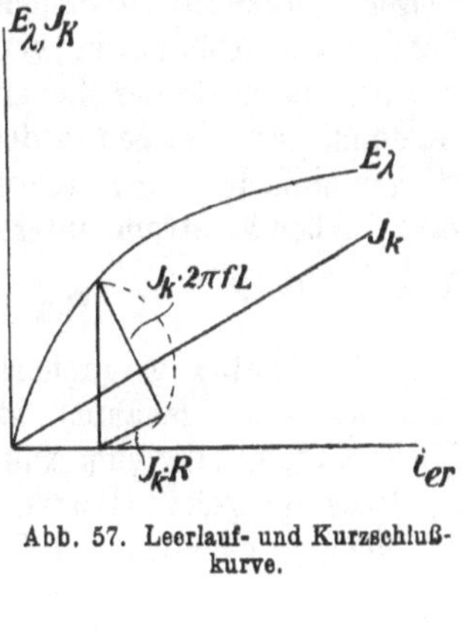

Abb. 57. Leerlauf- und Kurzschlußkurve.

Der Dauerkurzschlußstrom, welcher der normalen Erregung bei Leerlauf entspricht, beträgt ca. das

2,5- bis 3fache des Nennstromes; er hängt sehr vom Sättigungszustand ab; er ist um so kleiner, je $<$ die Sättigung; um so elastischer ist in diesem Fall die Maschine und um so leichter der Parallelbetrieb mit anderen Maschinen.

Im Gegensatz zum Dauerkurzschlußstrom kann der mit dem Oszillographen gemessene Stoßkurzschlußstrom sehr große Werte annehmen, wenn die Klemmen in einem ungünstigen Moment der Periode kurzgeschlossen werden.

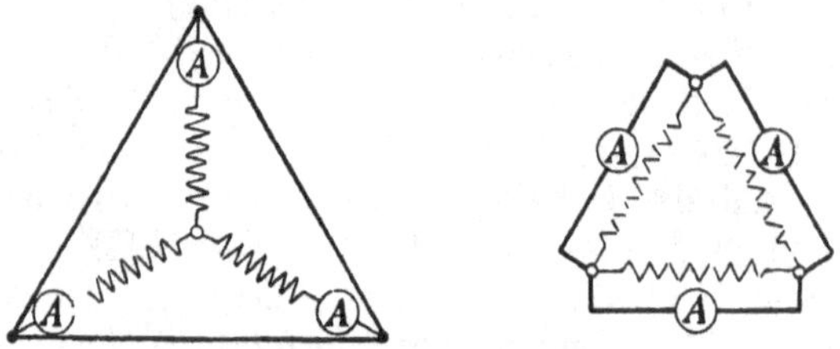

Abb. 58. Kurzschlußversuche bei △ und ⅄ Schaltung des Drehstromgenerators.

Er soll nach REM § 47 das 15fache des Scheitelwertes des Nennstromes nicht überschreiten.

Der Kurzschlußversuch bei Drehstrommaschinen kann nach Abb. 58 in verschiedener Weise ausgeführt werden, je nach der Schaltung der Wicklung und der Strommesser. Bei den in der Abb. 58 angegebenen Schaltungen sind der gemessene und der durch die Ankerwicklung fließende Strom untereinander gleich.

§ 4. Betriebskurven.

a) Die Belastungscharakteristik (auch dynamische Charakteristik genannt) stellt die Abhängigkeit der Klemmenspannung vom Ankerstrom dar, wenn f, $\cos\varphi$ und i_{err} konstant gehalten werden. Sie ist nach Abb. 59 verschieden, je nachdem der Strom im Generator der Spannung vor- oder nacheilt oder $\cos\varphi = 1$ ist. Während eine schwach induktive Belastung genügt, um einen viel stärkeren Spannungsabfall als bei induktionsfreier Last zu bewirken, nimmt umgekehrt bei Belastung durch Kondensatoren die Spannung zu, da im letzteren Falle die Erreger- und Anker-AW sich gegenseitig magnetisch unterstützen.

Die induktive Belastung kann durch Parallelschaltung von Glühlampen und Drosselspulen mit regelbarem Luftspalt, die kapazitive Belastung durch Kondensatoren hergestellt werden, am einfachsten jedoch durch Belastung mit unter- oder übererregten Synchronmotoren. Bei diesen entspricht eine Untererregung einer induktiven, die Übererregung einer kapazitiven Last des Generators. Drehstrommaschinen können auch durch Reihenschaltung von Stator und Rotor eines stillstehenden Induktionsmotors mit dreiphasig gewickeltem Rotor belastet werden, wobei das Drehfeld von Stator und Drehfeld im gleichen Sinne rotieren und die Lage des Rotors gegenüber dem Stator geändert wird.

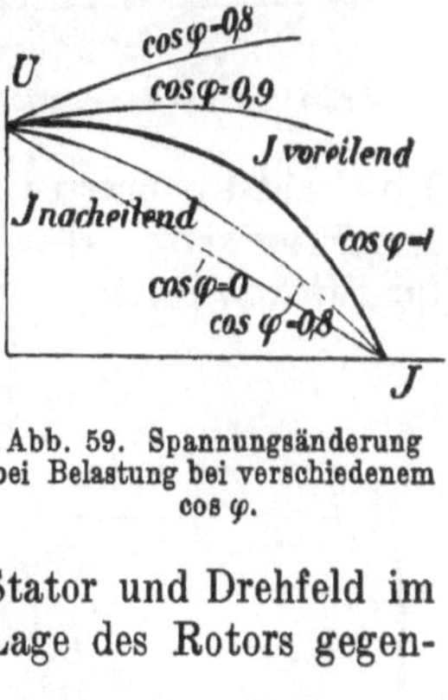

Abb. 59. Spannungsänderung bei Belastung bei verschiedenem $\cos\varphi$.

b) Die Regulierungskurve ergibt sich ohne weiteres aus der äußeren Charakteristik für verschiedene Erregungen; sie gibt bei gleichbleibendem $\cos\varphi$ den Zusammenhang zwischen Anker- und Erregerstrom, wenn die Spannung konstant gehalten wird.

§ 5. Erregerstrom.

Bei Einphasensynchronmaschinen ist der Erregerstrom bei Belastung starken Schwankungen unterworfen, da die magnetisierenden AW des Ankers auf die Erregerwicklung zurückwirken. Die Frequenz der Pulsationen des Erregerstromes ist nach Abb. 60 die doppelte des Ankerkreises, denn die magnetisierenden Wirkungen des Ankerstromes wiederholen sich bei jedem Vorzeichenwechsel im gleichen Sinne. Diese Welligkeit kann man mit dem Oszillographen oder auch rein qualitativ dadurch bestimmen, daß man in den Erregerkreis einen Drehspul- und einen Weicheisen- oder Hitzdrahtstrommesser in Reihe einschaltet. Es gilt für Momentanwerte (kleine Buchstaben): $i = i_{gl} + i_w$, und für Effektivwerte:

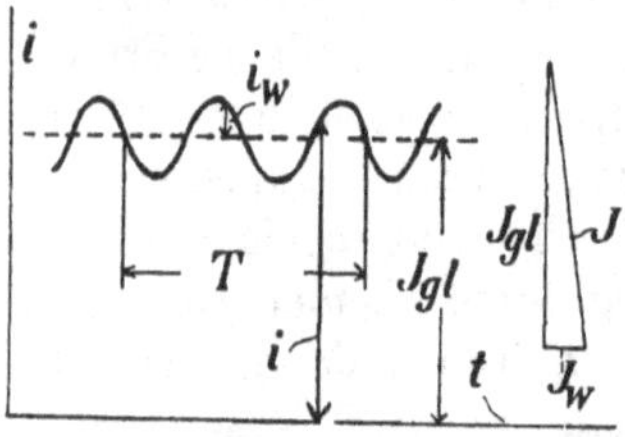

Abb. 60.
Wellenform des Erregerstromes.

$$I = \sqrt{\frac{1}{T}\int_0^T i^2\,dt} =$$

$$\sqrt{\frac{1}{T}\int_0^T i_{gl}^2\,dt + \frac{1}{T}\int_0^T i_w^2\,dt + \frac{2}{T}\int_0^T i_{gl}\,i_w\,dt} = \sqrt{I_{gl}^2 + I_w^2}$$

I_{gl} wird von dem Drehspulen-, I mit dem Dynamometerinstrument angegeben, woraus sich I_w ergibt. Je $>$ der Ankerstrom, um so $>$ ist I_w. Über andere Methoden, die Wechselstromkomponente eines pulsierenden Gleichstroms zu messen, s. Geyger, Archiv XVIII, S. 641, 1927 und Abschnitt IX, S. 116.

Arbeiten Einphasensynchronmaschinen zusammen oder führt man von außen Wechselstrom dem Anker zu, so rufen die Ankerströme bei jeder Drehzahl in der Erregung durch Transformatorwirkung u. U. sehr hohe lebensgefährliche EMKe hervor; Erregerspulen von solchen Maschinen müssen daher sehr sorgfältig verlegt und dürfen nicht ausgeschaltet werden.

§ 6. Verluste und Wirkungsgrad.

Über die normalen Messungen s. S. 48. Nach den REM § 62 werden die Lastverluste dadurch bestimmt, daß die Maschine als unbelasteter Motor mit Nennspannung bei Nennfrequenz betrieben und derart übererregt wird, daß sie den Nennstrom führt. Die Leistungsaufnahme, ausschließlich Leer- und Erregerverluste, gilt als Stromwärme- und Zusatzverlust; die zusätzlichen Verluste sind der Hauptsache nach eine Folge von Streufeldern im Luftspalt und an den Wicklungsköpfen.

§ 7. Leistungslinien.

Ist eine Synchronmaschine an ein Netz von konstanter Spannung $U = OK$ angeschlossen, so geben die Leistungslinien Aufschluß über ihr Verhalten (Görges ETZ 1900, S. 189), insbesondere bei Änderung der Erregung oder beim Pendeln um eine Gleichgewichtslage. Jede Linie entspricht einer konstanten aufgenommenen oder abgegebenen elektrischen Leistung.

Konstruktion der Leistungslinien: Die Maschine arbeite als Generator, U und J seien in Phase; man addiert zur Klemmenspannung OK den Ohmschen Spannungsabfall $JR = KA$ im Anker arithmetisch zu OK und trägt $2\pi f LJ = AC$ senkrecht zu KA auf. Dann liegen alle Punkte gleicher Leistung (in der Abb. 61 ist als Leistungslinie willkürlich 1 kW angenommen, außerdem eine zweite

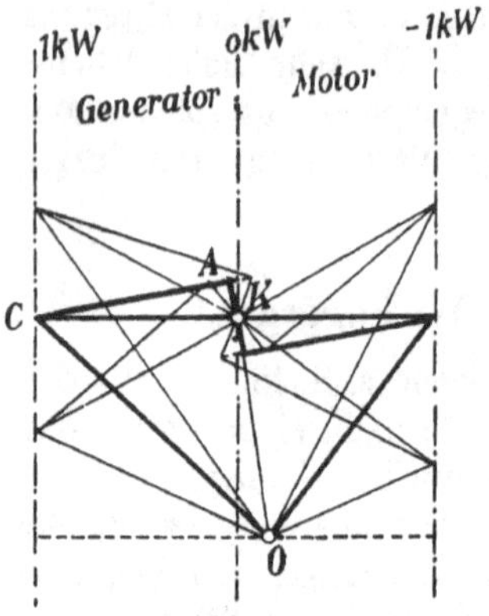

Abb. 61. Leistungslinien.

als Motor von — 1kW gezeichnet) auf einer Geraden, die durch C geht und auf CK senkrecht steht.

Bei Änderung der Erregung wandert C auf dieser Geraden, OC ist der Vektor der fiktiven EMK bei Leerlauf und gleicher Erregung, „fiktiv“ aus dem Grunde, weil bei starker Sättigung der Maschine Magnetismus und Erreger AW nicht mehr zueinander proportional sind.

§ 8. V-Kurven.

Ändert man bei gleichbleibender Netzspannung und abgegebener mechanischer Leistung die Erregung eines Synchronmotors, so kann sich nur die Höhe der fiktiven EMK, nicht dagegen die elektrisch zugeführte Leistung ändern. Eine kleine Änderung kann höchstens dadurch eintreten, daß sich die Verluste etwas ändern. Trägt man nach Abb. 62 den aufgenommenen Ankerstrom über die Erregung auf, so erhält man für eine gleichbleibende Belastung eine Kurve, die wie ein V aussieht. Für verschiedene Belastungen ergeben sich verschiedene Kurven, die um so spitzer ausfallen, je geringer die Last ist. Der Ankerstrom J geht durch ein Minimum,

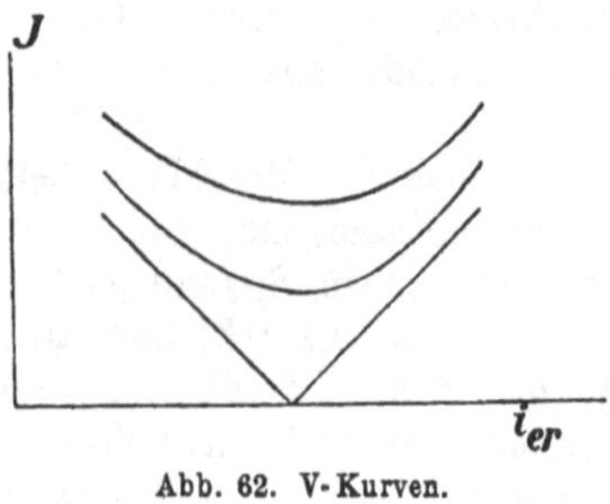

Abb. 62. V-Kurven.

wenn $\cos\varphi = 1$; bei geringerer Erregung ist der Strom nacheilend, bei stärkerer Erregung voreilend. Die der Belastung Null entsprechende Kurve ist sehr spitz, in der Regel erhält man sie nicht — sie ist viel flacher —, da die kleinsten mechanischen Schwingungen um eine Sollage Ausgleichströme zur Folge haben. Bei gegebener Belastung ist die Kurve um so flacher, je größer der Scheinwiderstand der synchronen Maschine ist.

5. Kapitel.

Messungen an Transformatoren.

§ 1. Das Übersetzungsverhältnis

wird nach § 11 der RET (Regeln des VDE für die Bewertung und Prüfung von Transformatoren) durch das Verhältnis der Spannungen bei Leerlauf definiert.

a) Direkte Methode. Man mißt U_1 und U_2 bei Leerlauf; es ist mit sehr großer Annäherung $\frac{U_1}{U_2} = \frac{W_1}{W_2}$, wo W_1 und W_2 die Zahl der in Reihe geschalteten Ober- und Unterspannungswindungen bedeuten; der Ohmsche und induktive Spannungsabfall sind fast stets zu vernachlässigen.

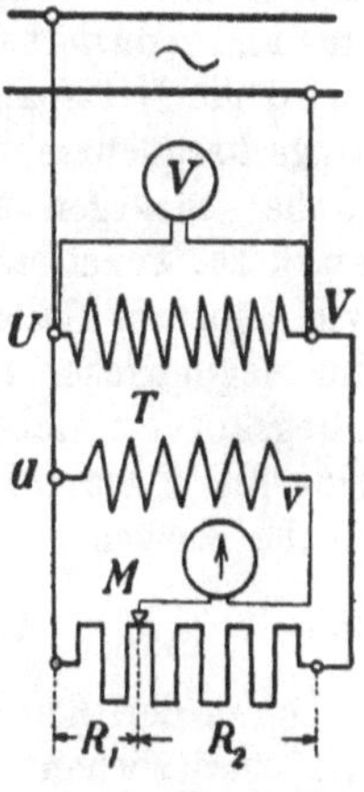

Abb. 63. Übersetzungsverhaltnis eines Transformators.

b) Die Nullmethoden sind genauer. Die Oberspannung ist an das Netz angeschlossen, parallel zu ihr liegt ein großer, fein abgestufter Widerstand ohne merkliche Kapazität oder Induktivität (z. B. Schniewindtsche Bänder), dessen Wärmekapazität, Isolation und Abkühlung so bemessen sind, daß die zulässige Temperatur nicht überschritten wird und kein Durchschlag erfolgt. Das eine Ende der Unterspannungswicklung des Transformators T ist nach Abb. 63 mit der einen Oberspannungsklemme U verbunden, das andere freie Ende v führt über ein Wechselstromnullinstrument (am besten Vibrationsgalvanometer) zu einem Abzweigkontakt M des Widerstandes. M wird auf Stromlosigkeit des Nullinstruments eingestellt. Die Teilwiderstände mögen R_1 und R_2 sein; dann ist

$$\frac{U_1}{U_2} = \frac{R_1 + R_2}{R_2} = \frac{W_1}{W_2}$$

§ 2. Leerlauf.

Durch den Leerlaufversuch werden die Eisenverluste und der Leerlaufstrom bestimmt; die Joulesche Wärme in der Primärwicklung tritt ganz zurück. Man führt den Versuch bei der sinusförmigen Nennspannung und Nennfrequenz f aus und reduziert die Eisenverluste je kg wirksames Eisen. Wird die Netzspannung konstant gehalten, so spielen geringe Frequenzschwankungen bei den Eisenverlusten keine Rolle; dagegen nimmt der Magnetisierungsstrom u. U. stark zu, wenn f abnimmt, da dann Φ, und damit in noch viel höherem Maße die Erreger-AW zunehmen, wenn man im magnetischen Sättigungsgebiet arbeitet. Spitze Spannungskurven haben bei gleicher Spannung einen geringeren Eisenverlust als Sinuskurven und erst recht als flache Kurven zur Folge.

§ 3. Kurzschluß.

Durch den Kurzschlußversuch werden die Kupfer- und die zusätzlichen Wirbelstromverluste in Metallmassen infolge der Streufelder bei Belastung sowie der Spannungsabfall im Transformator bestimmt. Von einem Regulier- oder Drehtransformator T_R zur Spannungsreglung führen Leitungen über Strommesser, Spannungsmesser, Leistungszeiger nach Abb. 64 zu der einen Transformatorwicklung — prinzipiell ist es gleichgültig, welche man wählt —, während die andere kurzgeschlossen ist. Man mißt bis über den Nennstrom hinaus die aufgenommene Leistung und den Primärstrom in Funktion der angelegten Spannung. Die benötigte Spannung U_1, um den Nennstrom durch den Transformator durchzutreiben, beträgt nur wenige Prozent der Nennspannung; ist daher die Unterspannung für 110 oder 220 V gebaut, so werden in diesem Fall nur ca. 5 oder 10 V benötigt. Für solche niedrige Spannungen sind aber die Spannungsspulen der Leistungs zeiger nicht ausgeführt, die Meßgenauigkeit ist daher gering, außerdem verschlucken die Wechselstromspannungsmesser für niedrige Spannungen viel Strom, so daß unangenehme Korrektionen anzubringen sind. Um diesen Übelständen abzuhelfen, gibt es zwei Mittel: a) Radikalmittel: Man führt die Spannung nicht der Unter-, sondern der Oberspannungswicklung zu; oder nach b): man legt die Spannungsspule des Leistungszeigers an die Oberspannungswicklung eines Spannungswandlers an, dessen Unterspannung an den Klemmen des Transformators liegt. Man mißt J_1 und N_1 in Funktion von U_1; J_2 wird aus einer zweiten Versuchsreihe berechnet. Da die magnetischen Verluste so gut wie Null sind, wird die primär zugeführte Leistung ausschließ-

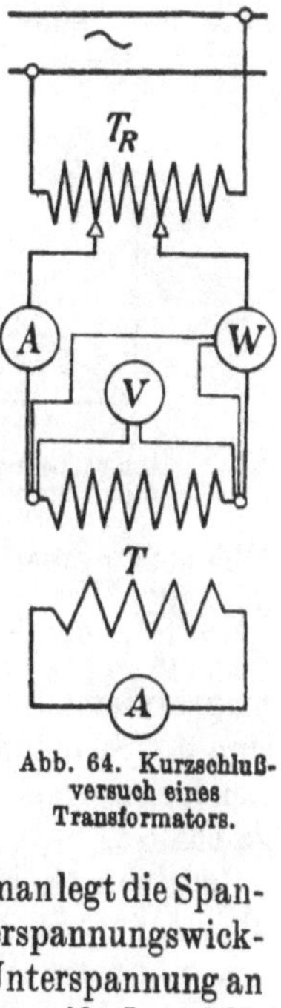

Abb. 64. Kurzschlußversuch eines Transformators.

lich zur Deckung der Kupfer- und Zusatzverluste verbraucht. Die Kupferverluste sind aus früher angegebenen Gründen und wegen der ungleichmäßigen Verteilung bei großen Kupferquerschnitten (Skin- oder Hauteffekt) größer als die durch Widerstandsmessung bei Gleichstrom berechneten Werte.

In einer zweiten Versuchsreihe wird die Sekundärwicklung über einem Strommesser kurzgeschlossen und das

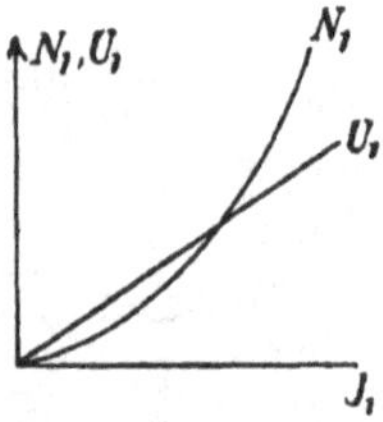

Abb. 65. Leistungsaufnahme beim Kurzschlußversuch.

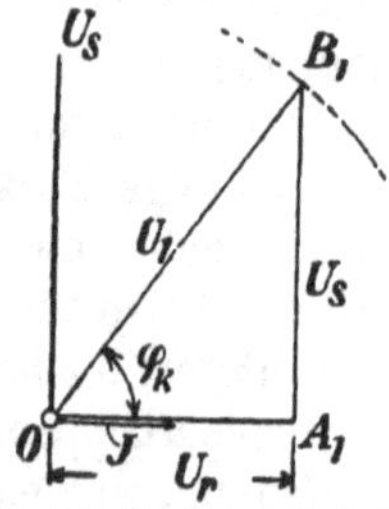

Abb. 66. Spannungsdreieck beim Kurzschlußversuch.

Übersetzungsverhältnis der Ströme gemessen; es ist $\frac{J_1}{J_2} \approx \frac{W_2}{W_1}$, da der magnetische Fluß und daher auch die magnetisierenden AW sehr gering sind. Bei diesen Versuchen sind der Spannungsmesser U_1 und die Spannungsspule des Leistungszeigers zur Vermeidung von Korrektionen ausgeschaltet.

In einem Koordinatensystem (Abb. 65) trägt man U_1 über J_1 auf und erhält eine Gerade, d. h. die Spannung am Transformator nimmt proportional mit J zu, der Scheinwiderstand des Transformators bleibt konstant, während die Leistungsaufnahme N_1 quadratisch mit J steigt.

In einem zweiten graphischen Bild wird die Streuspannung U_s über die Wirkkomponente U_r der Spannung aufgetragen (Abb. 66). Für einen bestimmten Strom J_1 und eine Leistung N_1 ergibt sich $U_{r1} = \frac{N_1}{J_1} = U_1 \cos\varphi_K = OA_1$, in A_1 wird eine Senkrechte errichtet, die den um O mit U_1 geschlagenen Kreisbogen in B trifft; danach ist A_1B_1 die Streuspannung $U_s = \sqrt{U^2 - U_{r_1}^2}$. Der Winkel $\varphi_k = B_1OA_1$ ändert sich bei Änderung von J_1 kaum, man erhält daher die zu einem beliebigen J gehörige Wirk- und Blindkomponente der Spannung, indem man einen zweiten Abszissenmaßstab für die Ströme so wählt, daß die Größe OA_1 nicht nur die Wirkspannung $U_{r1} = \frac{N_1}{J_1}$, sondern gleichzeitig den Strom J_1 darstellt. Es ist

$$OA_1 \gtreqless J_1 R_1 + \frac{W_1}{W_2} \cdot J_2 R_2 .$$

§ 4. Spannungsänderung (RET § 16).

Unter Spannungsänderung u_φ versteht man die prozentuale Erhöhung der Sekundärspannung, die beim Übergang vom Nennbetrieb mit einem anzugebenden Leistungsfaktor $\cos\varphi$ auf Leerlauf auftritt; u_φ läßt sich aus dem Kurzschlußversuch ermitteln. Dem Nennstrom möge bei diesem Versuch die Kurzschlußspannung U_K, die Wirkspannung U_r und die Leerspannung U_s entsprechen, es ist dann $U_s = \sqrt{U_K^2 - U_r^2}$, die entsprechende prozentuale Kurzschlußspannung $= \frac{U_K}{\text{Nennspannung}} \cdot 100 = u_K$, die prozentuale Wirkkomponente $= \frac{U_r}{\text{Nennspannung}} \cdot 100 = u_r$ und die entsprechende Leerkomponente u_s; ferner sei φ

die Phasenverschiebung im Sekundärkreis. Dann läßt sich u_φ durch die Formel ausdrücken

$$u_\varphi = u'_\varphi + 100 - \sqrt{10000 - u''^2_\varphi}$$

wobei:

$$u'_\varphi = u_r \cdot \cos\varphi + u_s \cdot \sin\varphi;$$

$$u''_\varphi = u_r \cdot \sin\varphi - u_s \cdot \cos\varphi.$$

Solange u_φ nicht mehr als 4% beträgt, kann man genügend genau $u_\varphi = u'_\varphi$ setzen, also $u_\varphi \approx u_r \cos\varphi + u_s \cdot \sin\varphi$; für $\cos\varphi = 1$ wird $u_\varphi \approx u_r$.

a) Graphische Ermittlung von u_φ. In der Abb. 67 und 68 ist ein Übersetzungsverhältnis 1 : 1 angenommen,

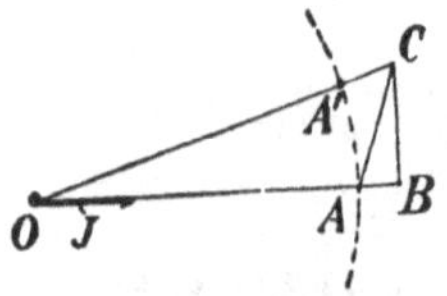

Abb. 67. Spannungsänderung beim $\cos\varphi = 1$.

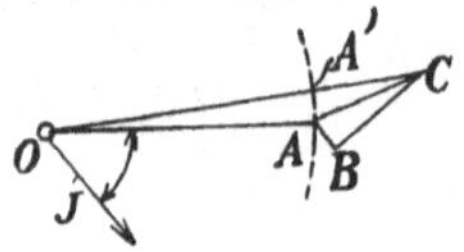

Abb. 68. Spannungsänderung bei induktiver Last.

OA die Sekundär-, OC die Primärspannung beim Nennstrom J. Abb. 67 bezieht sich auf einen $\cos_\varphi = 1$ im Verbrauchskreis (Buchstaben mit dem Index 1), Abb. 68 auf eine induktive Last (Buchstaben mit dem Index 2). Das durch den Kurzschlußversuch gewonnene Kurzschlußdreieck ABC ist im Diagramm der besseren Übersicht halber viel zu groß gewählt. Die Sekundärspannung $AO = OA'$ beim Nennstrom J schnellt auf den Wert OC, wenn die Belastung ausgeschaltet ist. Nach der Abb. 67 ist

$$u_\varphi = \frac{OC_1 - OA'_1}{OA'_1} \cdot 100 = \frac{A'_1C_1}{OA'_1} \cdot 100 \approx \frac{A_1B_1}{OA'_1} \cdot 100 \approx u_r.$$

Nach der Abb. 68 ist

$$u_\varphi = \frac{A_2'C_2}{OA_2'} \cdot 100 \approx u_r \cos\varphi + u_s \cdot \sin\varphi.$$

Da AC nur wenige Prozent von OA beträgt, so ist die Genauigkeit des graphischen Verfahrens nicht groß.

b) Bestimmung von u_φ durch eine Betriebsmessung. Man hält die Primärspannung konstant und mißt die

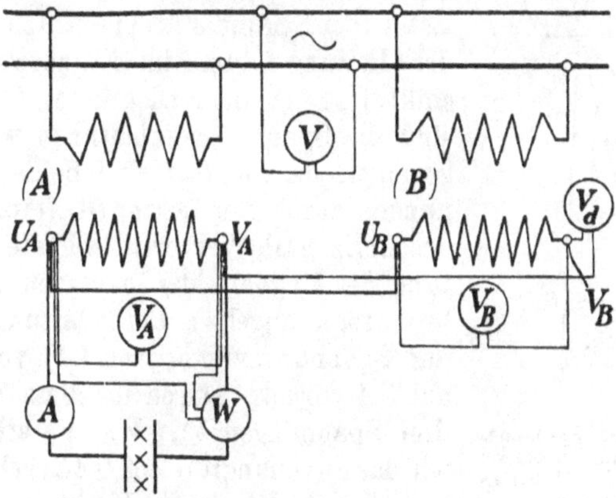

Abb. 69. Messung der Spannungsänderung mittels Hilfstransformators.

Sekundärspannung bei Leerlauf, sodann bei der Nennstromstärke und einem bestimmten $\cos\varphi$; die gemessenen Werte seien U_{2_0} und U_2; es ist dann $u_\varphi = \frac{U_{2_0} - U_2}{U_2} \cdot 100.$ Die Genauigkeit ist sehr gering, da im Zähler die Differenz von zwei Größen von gleicher Größenordnung vorkommt.

c) Bestimmung von u_φ mittels Hilfstransformators. Stehen zwei Transformatoren (A) und (B) von gleichem Übersetzungsverhältnis zur Verfügung, so läßt sich der Spannungsabfall nach Abb. 69 dadurch bestimmen, daß man beide Transformatoren unterspannungsseitig an das gleiche Netz anschließt, die beiden Anfänge U der Oberspannungswicklungen miteinander direkt, die beiden Enden V über einen empfindlichen Spannungsmesser V_d verbindet, so daß dieser Spannungsmesser die vektorielle Differenz beider Oberspannungen angibt. Der eine Transformator (A) wird belastet, der andere (B) bleibt offen. Bei Leerlauf muß $V_d = O$ und $V_A = V_B$ sein; wird A belastet (der Sekundärstrom sei J_2, $\cos\varphi_2$ der Leitungsfaktor im Nutzkreis), so sinkt V_A. In dem Diagramm Abb. 70 sind die Spannungsverhältnisse wiedergegeben; bei Leerlauf sind beide Spannungen durch den Vektor OC festgelegt, der horizontale Vektor Φ soll die Richtung des Magnetfeldes in beiden Transformatoren angeben. Bei Belastung geht der Spannungsvektor von (A) von OC auf OA zurück. Durch die Messung der drei Spannungen V_A, V_B, V_d erhalten wir das Spannungsdreieck OAC; schlagen um O mit OA einen Kreisbogen, der die Gerade OC in A' schneidet. CA' ist der Spannungsabfall des belasteten Transformators. Der unbelastete Transformator (B) kann für ganz kleine Belastungen gebaut sein, er braucht nur den Strom für die Spannungsmesser zu liefern, ohne daß hierdurch ein merklicher Spannungsabfall eintritt. Vorsicht, bevor man weiß, ob die Transformatoren oberspannungsseitig gegeneinander und nicht hintereinander geschaltet sind! Deshalb von niedriger Primärspannung ausgehen! Falls das Übersetzungsverhältnis von (A) und (B) nicht genau gleich ist, so erhält man bei Leerlauf eine kleine

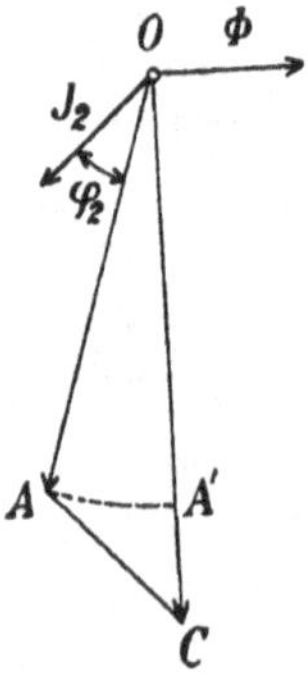

Abb. 70. Spannungsdiagramm bei der Methode des Hilfstransformators.

Spannung V_d, die bei Belastung von (A) berücksichtigt werden muß.

§ 5. Betrieb.

Man mißt primär und senkundär Strom, Spannung und Leistung und hält U_1 und f sowie $\cos\varphi_2$ konstant und trägt J_1 und J_2, U_2, η als Funktion von N_2 auf. Bei gleichem N_2 wird bei induktiver Last η und U_2 kleiner als wenn $\cos\varphi = 1$. Die Meßgenauigkeit ist wie bei den meisten direkten Methoden viel geringer als bei indirekter Messung durch Leerlauf und Kurzschluß.

§ 6. Künstliche Belastung.

Zur Feststellung der betriebsmäßigen Erwärmung muß der Transformator belastet werden. Über die Dauer der Erwärmungsprobe, Kühlmittel usw. s. RET § 34—45. Bei dem normalen Belastungsversuch wird meist die elektrische Energie unnütz in Form von Wärmeenergie umgesetzt. Bei der künstlichen Belastung ist die Erwärmung und Beanspruchung dieselbe wie im Betrieb, dagegen wird nur so viel Energie aus dem Netz entnommen als zur Deckung der Verluste notwendig ist. Man kann in diesem Falle Transformatoren betriebsmäßig untersuchen, die viel größere Energieumsetzungen erfordern als das Netz hergibt.

a) Rückarbeitungsmethode bei zwei gleichen Transformatoren (s. auch II, § 6d). Man schaltet die eine Wicklung der beiden Transformatoren — in der Abb. 71 die Unterspannungswicklung — parallel an ein Netz von Nennfrequenz und Nennspannung, die Sekundärwicklungen gegeneinander in Reihe mit einem Dreh- oder Reguliertransformator T_R, dessen Spannung so eingestellt wird, daß wie beim gewöhnlichen Kurzschlußversuch die Nennströme durch die Sekundär- und durch Transformatorwirkung auch durch die Primärwicklung fließen. Der eine Transformator arbeitet dann als Generator, der andere als Verbraucher. Die Eisenverluste werden durch den Leistungszeiger im Primärkreis gemessen, die Kupferverluste desgleichen im Sekundärkreis. Nebenbei erhält man die Einzelverluste und den Wirkungsgrad der Transformatoren unter der Voraussetzung, daß sich die Verluste auf beide Umspanner gleichmäßig verteilen.

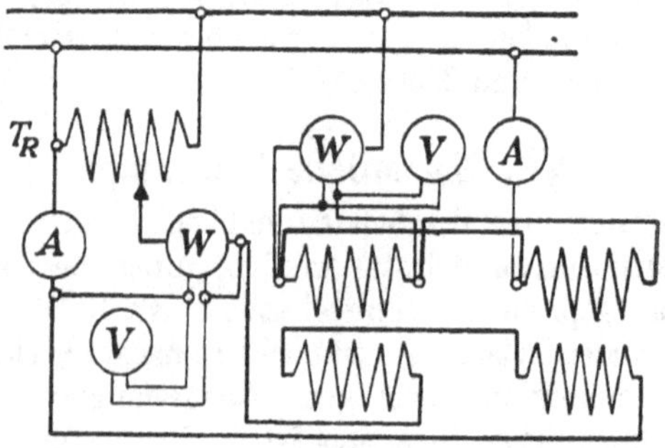

Abb. 71. Künstliche Belastung von 2 gleichen Transformatoren.

b) Umschaltung der betriebsmäßigen Wicklungsanordnung. α) Einphasentransformatoren. Besteht wie üblich die Ober- und Unterspannungswicklung aus je zwei magnetisch und elektrisch gleichwertigen Abteilungen, so läßt sich die künstliche Belastung folgendermaßen herstellen, wenn die Anfänge und Enden jeder Abteilung zugänglich sind: Die beiden Hälften der Unterspannungswicklung nach Abb. 72 werden parallel geschaltet und bei Nennfrequenz an ein Netz von einer solchen Spannung geschaltet, daß der normale Magnetismus erzeugt wird; sind sie im normalen Betrieb in Reihe geschaltet, so wird daher die halbe Nennspannung angelegt. Die beiden Hälften der Oberspannungswicklung sind gegeneinander und in Reihe mit einer regelbaren Spannung Z geschaltet. Z wird so eingestellt, daß der Nennstrom durch die Wicklung hindurchfließt; sind im normalen Betrieb beide Spulen der Oberspannungswicklung parallel geschaltet, so darf bei der künstlichen Belastung naturgemäß

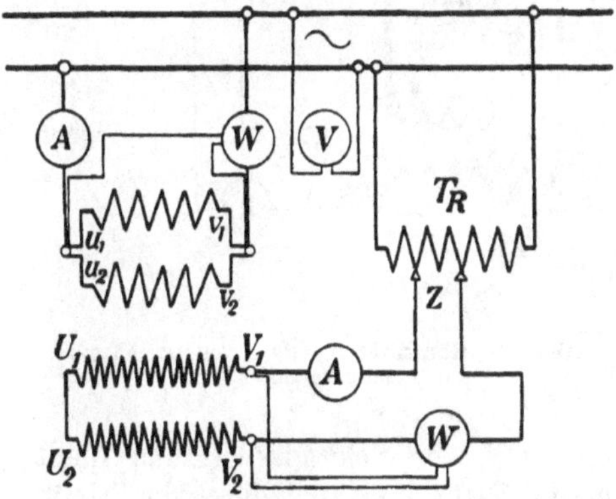

Abb. 72. Künstliche Belastung von Einphasentransformatoren.

nur auf die Hälfte des Nennstroms eingestellt werden. Wie in magnetischer, so muß auch in elektrischer Hinsicht die Beanspruchung der Spulen genau dieselbe wie im Betrieb sein.

β) Bei Drehstrom läßt sich die künstliche Belastung am einfachsten dadurch herstellen, daß nach Abb. 73 die Primär- wie die Sekundärwicklung in Dreieck geschaltet wird, falls nur ein Transformator zur Verfügung steht. Die Primärwicklung wird an ein Drehstromnetz geschaltet, so daß der normale magnetische Fluß den Eisenkörper durchsetzt, die Sekundärwicklung geöffnet und in die Öffnung eine regelbare Zusatzspannung Z einschaltet, so daß der

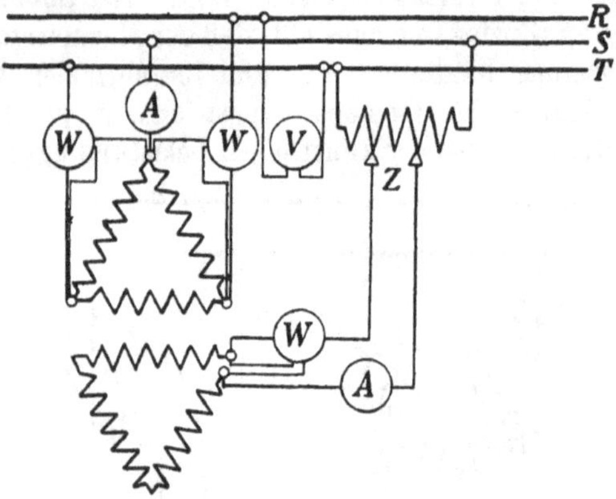

Abb. 73. Künstliche Belastung von Dreiphasentransformatoren.

Nennstrom durch die Sekundärwicklung fließt. Durch Transformation fließt dann auch durch die Primärwicklung der ihr entsprechende Nennstrom. Die Eisen- und Kupferverluste werden genau so wie bei der Rückarbeitungsmethode gemessen.

6. Kapitel.

Messungen an Drehstrom-Induktionsmotoren.

§ 1. Betriebskurven.

Netzspannung und Frequenz werden konstant gehalten, die Belastung geändert und J, N und n gemessen (Betriebskurven s. Abb. 74); desgleichen wird mittels spitzen Keils der Luftspalt δ festgestellt, da von dessen Größe der $\cos\varphi$ und die Überlastbarkeit abhängig ist (je $< \delta$, um so $>$ ist der $\cos\varphi$, gleichzeitig wächst aber auch die Gefahr des Schleifens des Rotors gegen den Stator). Die Drehrichtung wird durch Vertauschen von zwei Anschlußklemmen umgekehrt. Die Stromstärke wird meist in einer Phase gemessen. Nur in den Fällen, wo man sich von der Symmetrie des Netzes und der Motorwicklung überzeugen will, wird ein Strommesser in allen drei Phasen eingeschaltet. Die Angaben müssen untereinander gleich sein.

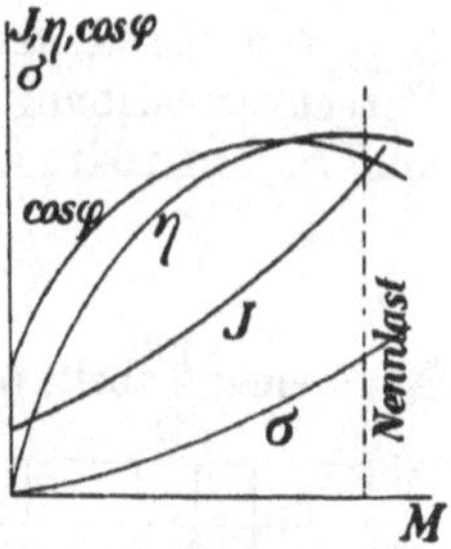

Abb. 74. Betriebskurven eines Drehstrom-Induktionsmotors.

a) Die Leistung kann durch Einschalten eines Leistungsmessers in eine Phase gemessen werden, wobei die Spannungsspule an die betreffende Phase und den Nullpunkt angeschlossen wird; die Angaben werden mit 3 multipliziert; die Messung ist bei Sternschaltung des Stators und herausgeführtem Nullpunkt ohne weiteres möglich, sonst muß für den Spannungskreis ein künstlicher Nullpunkt geschaffen werden. Diese Methode ist insofern nicht streng, weil sie symmetrische Verhältnisse im Netz und im Motor voraussetzt.

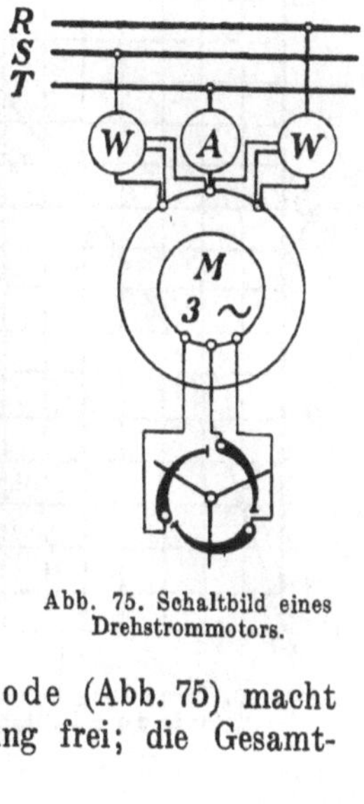

Abb. 75. Schaltbild eines Drehstrommotors.

Bei der Zweiwattmetermethode (Abb. 75) macht man sich von dieser Einschränkung frei; die Gesamtleistung ist die algebraïsche Summe der gemessenen Teilleistungen; Vorsicht ist angebracht, da bei einem $\cos\varphi < 0{,}5$ ($\varphi > 60^0$) die Angaben des einen Leistungszeigers (N_2) von denen des anderen (N) abzuziehen sind. Die Phasenverschiebung wird aus dem Unterschied von N_1 und N_2 ermittelt; es ist:

$$\operatorname{tg}\varphi = \frac{N_1 - N_2}{N_1 + N_2} \cdot \sqrt{3}\,.$$

Nach einer Tabelle oder Kurve (Abb. 76, s. Skirl, Wechselstromleistungen, S. 180) kann man aus dem Verhältnis $\frac{N_1}{N_2}$ ohne weiteres auf den $\cos\varphi$ zurückschließen. Bei induktionsfreier gleicher Belastung der Phasen ist $N_1 = N_2$. Die Phasenverschiebung erhält man auch bei gleicher Belastung der Phasen aus der Beziehung: $N = \sqrt{3} \cdot J \cdot U \cdot \cos\varphi$, wobei J und U Netzstrom und Netzspannung bedeuten, unabhängig von der Schaltungsart des Motors. Der $\cos\varphi$ steigt von ca. 0,25 (Leerlauf) auf ca. 0,85 (Vollast) an; der genaue Wert hängt von dem Luftspalt, von der Größe, der

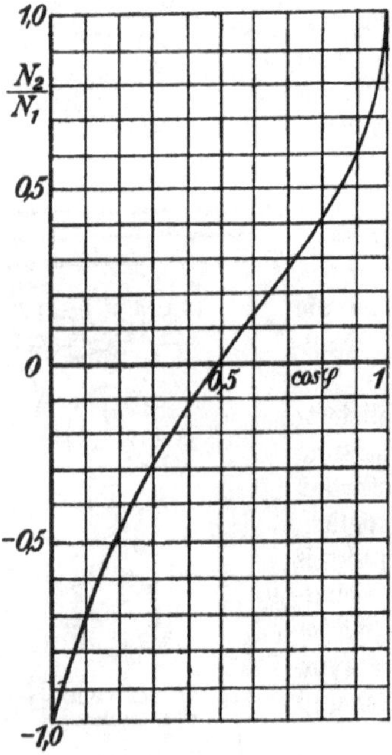

Abb. 76. Berechnung des $\cos\varphi$ nach der Methode der 2 Leistungszeiger.

Bauart, der Polpaarzahl, Frequenz und der Netzspannung ab.

b) Drehzahl und Schlüpfung. Die Drehzahl ist bei Leerlauf nur ganz wenig niedriger als die des Drehfeldes, sie sinkt bei Belastung um einige Prozente, ähnlich wie bei einem Gleichstromnebenschlußmotor. Wichtiger als die Drehzahl selbst ist die Messung der Schlüpfung σ; es ist $\sigma = \frac{n_s - n}{n_s}$, wobei n_s die synchrone, n die tatsächliche Drehzahl des Motors bedeuten; σ wird meist in Prozenten von n_s ausgedrückt; $n_s - n = n_\sigma$ bezeichnet man als Schlüpftouren. Für die Messung von σ seien folgende Methoden angegeben:

α) n_s wird bei bekannter Polpaarzahl mittels Frequenzmessers oder Synchronmotors, n mit dem Tachometer bestimmt. Diese Methode ist ungenau, da sich σ aus der Differenz von zwei annähernd gleichen Größen ergibt.

β) $n_s - n$ wird durch Messung der Frequenz im Sekundäranker bestimmt. Zwischen zwei Schleifringen des Rotors wird ein Stromindikator eingeschaltet, z. B. polarisierte Klingel als akustische Methode, polarisierter Strommesser; in vielen Fällen ist es zweckmäßiger, einen polarisierten Spannungsindikator oder ein Galvanoskop zu verwenden, das an zwei Schleifringe anzulegen ist; auch im Falle einer Kurzschlußvorrichtung mit Bürstenabhebevorrichtung ist die Spannung an den Schleifringen bei Nennlast meist so groß, daß die Schwingungen des Galvanoskops je Zeiteinheit bequem verfolgt werden können. Einem Zurückbleiben des Rotors um eine Tour gegen das Drehfeld entsprechen p Perioden im Rotorkreis (p = Polpaarzahl). Die Frequenz f_2 der Rotorströme ist daher: $f_2 = \frac{n_\sigma}{60} \cdot p$, wo n_σ

die Zahl der Schlüpftouren je Minute ist; daraus ergibt sich

$$\sigma = \frac{n_\sigma}{n_s} = \frac{f^2}{f}, \text{ da } n_s = \frac{60 \cdot f}{p}.$$

Diese Methode ist bei Kurzschlußankermotoren nicht anwendbar; in diesem Falle wird eine mit einem Telephon verbundene Induktionsspule derart in die Nähe des Luftspaltes zwischen Stator und Rotor gebracht, daß sie von dem Streufeld des Rotors getroffen wird. Die Zahl der scharf ausgeprägten Tonmaxima je Zeiteinheit wird gemessen, sie gibt die doppelte Frequenz der Rotorströme. Durch Einschalten eines Ventils in den Telephonkreis wird die eine Stromrichtung unterdrückt; die Anzahl der Tonmaxima entspricht in diesem Falle der Frequenz der Rotorströme, es können größere Schlüpfungen gemessen werden.

γ) Stroboskopische Methode (zusammenfassende Darstellung von Linckh und Vieweg im Archiv XV, S. 510, 1926). Das Grundprinzip aller stroboskopischer Methoden beruht darauf, daß sich bewegte Merkzeichen mit Hilfe von intermittierendem Licht für das Auge langsamer oder gar nicht zu bewegen scheinen. Stroboskopische Bilder werden besonders zum Nachweis und Messung von schnell veränderlichen, periodisch wiederkehrenden Vorgängen, u. a. von Drehzahländerungen benutzt; als Hauptanwendungsgebiet kommt die Bestimmung der Schlüpfung von Induktionsmotoren in Frage. Der zu untersuchende Motor trägt eine mit besonderen Zeichen — am besten radiale weiße Sektoren auf schwarzem Hintergrund — versehene Scheibe (sog. Stroboskopische Scheibe); der Bewegungsvorgang wird mit einer Lichtquelle verfolgt, die von der gleichen Stromquelle gespeist wird, also im gleichen Takt wie der Wechselstrom aufleuchtet. Fremdes Licht ist möglichst abzublenden. Als Lichtquellen benutzte man früher Bogenlampen, neuerdings mit gutem Erfolg Glimmlampen; sie besitzen den Vorteil, sehr wenig Leistung zu verbrauchen und nur während eines kurzen Bruchteils einer Periode aufzuleuchten, wenn man die Zündspannung der Lampe nur wenig niedriger wählt als die Netzspannung; dadurch werden die Bilder trotz der geringen Lichtstärke schärfer. Schaltet man in den Kreis der Glimmlampe eine genügend große Gleichstromzusatzspannung, so wird der eine Polwechsel unterdrückt, die Lampe leuchtet nur einmal pro Periode. Dasselbe erreicht man mit Glimmlampen, die als Ventilröhren ausgebildet sind und als Gleichrichter z. B. zur Ladung von Akkumulatoren dienen.

Läuft der Motor synchron und sind bei p Polpaaren ein oder besser p radiale, um gleiche Winkel abstehende Sektoren auf der Scheibe angebracht, so scheint der Motor stillzustehen, da zur Zeit der Lichtmaxima die radialen Striche dieselbe räumliche Lage haben. (Dies ist z. B. nicht der Fall, wenn bei einem sechspoligen Motor, also $p = 3$, ein Kreuz auf der Scheibe aufgetragen ist.) Ist dagegen die Drehzahl des Motors untersynchron, so hat er nach einer vollen Periode noch nicht ganz die Lage erreicht, die er bei synchronem Gang einnehmen würde: er, und damit auch der Sektor, ist beim nächsten Lichtmaximen gegen den synchronen Gang zurückgeblieben, er scheint sich langsam nach der entgegengesetzten Richtung zu bewegen. Die Zahl dieser scheinbaren Umdrehungen in entgegengesetzter Richtung gibt die Schlüpftouren $n_\sigma = n_s - n$ an. Man mißt nun entweder die Zahl der scheinbaren Drehungen je Zeiteinheit oder, besonders wenn die Beobachtung der vollen Scheibe nicht möglich ist, zählt die Vorübergänge Z der p-Sektoren an einer festen Marke; es ist $Z = p \cdot n_\sigma$.

Statt einer besonderen Lichtquelle kann man einen Synchronmotor benutzen, der eine mit radikalen Schlitzen versehene Scheibe trägt. Man beobachtet die Sektoren des Asynchronmotors durch die Schlitze der Scheibe des Synchronmotors.

Nach der Stroboskopischen Methode lassen sich Schlüpfungen bis ca. 5 % mit aller Schärfe messen. Zur Bestimmung größerer Schlüpfungen kann man die Lampenfrequenz erniedrigen, so daß sie nur jede 2. oder 3. Periode aufleuchtet, wodurch die Zahl Z der Vorübergänge im gleichen Maß abnimmt, wenn nur ein radialer Strich auf der Scheibe gezeichnet ist. Diese Erniedrigung der Lampenfrequenz erfolgt entweder auf elektrischem Wege (kleiner Periodenumformer) oder mechanisch durch ein Unterbrechergetriebe. Will man umgekehrt sehr geringe Schlüpfungen messen, ohne zu lange beobachten zu müssen, so nimmt man eine Scheibe, die ein Vielfaches (q) der Polpaarzahl an Sektoren enthält; dann ist die Zahl Z der Vorübergänge $Z = q \cdot p \cdot n_\sigma$.

Zur genauen Messung großer Schlüpfungen besonders bei Motoren verschiedner Polpaarzahl, versieht man eine Scheibe mit Sektoren nach Abb. 77, wobei der innerste Kreis einem 2poligen ($p = 1$), der äußerste Ring einem 20poligen Motor ($p = 10$) entspricht; die Zwischenringe gehören zu Motoren mit $p = 2, 3, 4, 5, 6$. Wird die Drehgeschwindigkeit des zugehörigen Ringes zu groß, so findet man einen anderen Ring, dessen Bild entgegengesetzt und so langsam sich zu bewegen scheint, daß man die Zahl der Vorübergänge messen kann. Die Schlüpfung ist dann sinngemäß zu berechnen.

c) Drehmoment (s. Kap. I, § 5). α) Anlaufmoment. Bei Kurzschlußankermotoren legt man die Nennspannung nur wenige Sekunden an, da sonst der Anker infolge des außerordentlich hohen Anlaufstromes unzulässig warm wird, zumal die Luftkühlung fehlt, und mißt bei verschiedenen Stellungen des Ankers das Anlaufmoment. Je nach dem Moment des Einschaltens nimmt der Strom in den ersten Perioden ganz verschiedene Werte auf, die mit dem Oszillographen verfolgt werden können. Die gewöhnlichen

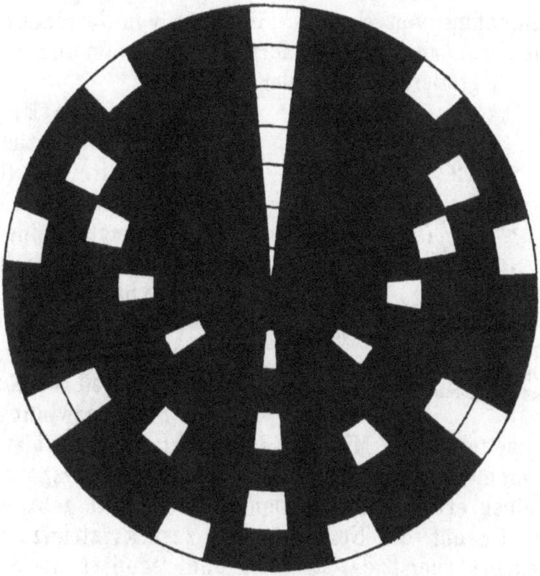

Abb. 77. Stroboskopische Scheibe für Drehstrommotoren verschiedener Polpaarzahlen.

Strommesser sind viel zu träge, um die Anfangswerte wiederzugeben; sie zeigen den Wert an, der sich nach Abklingen des Anfangszustandes einstellt.

Will man die übermäßige Stromstärke vermeiden, so kann man von niedrigen Werten der Spannung U ausgehen, das Anlaufmoment und den Anlaufstrom in Funktion von U auftragen, U steigern, soweit es die Erwärmung zuläßt, und das der Nennspannung entsprechende Moment durch Extrapolation angenähert bestimmen.

Bei **Schleifringankern** wird das Anlaufmoment in Abhängigkeit von der zugeführten Stromstärke J_1 bzw. vom Widerstand R_2 im Rotorkreis (Läufer) aufgenommen. Bei Zunahme von R_2, d. h. Abnahme von J_1 nimmt das Moment zunächst zu, geht durch ein Maximum und nimmt bei noch größerem R_2 wieder ab.

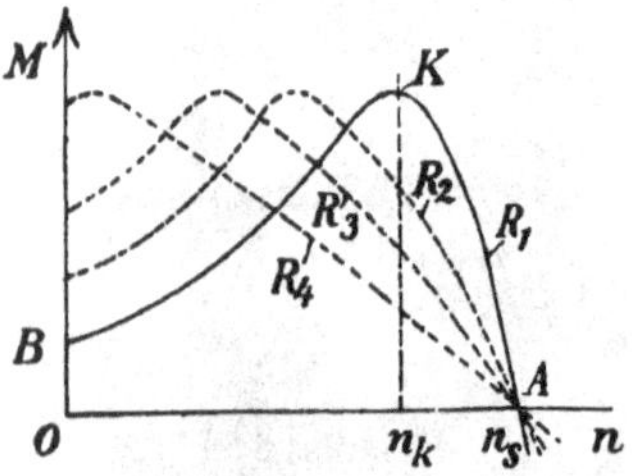

Abb. 78. Drehmomentkurve bei verschiedenen Widerständen im Rotorkreis.

β) Drehmomentkurve. Man erhält für bestimmte Betriebsverhältnisse (konstante Motorspannung, konstanter Widerstand im Rotorkreis) das Nutzdrehmoment in Abhängigkeit von der Drehzahl nach Abb. 78 durch einen Bremsversuch. Den stabilen Teil der Kurve (von *A* bis *K*) gewinnt man ohne weiteres; zur Messung der Punkte in der Nähe des Kippmoments *K* stellt man zweckmäßig die Nutzspannung auf einen etwas übernormalen Wert ein und geht dann vorsichtig auf die Nennspannung zurück; steigert man umgekehrt zuerst das Moment und reguliert die Spannung nach, so fällt der Motor leicht ab, da das Kippmoment quadratisch mit der Netzspannung ab- und zunimmt. Der Teil der Kurve zwischen *K* und dem Anlaufmoment *OB* entspricht einem labilen Zustand; sinkt nämlich die Drehzahl infolge eines zu hohen Bremsmoments unter die dem Kippmoment entsprechende Drehzahl n_k, so wird nach Abb. 78 das Motormoment kleiner und der Motor bleibt dem Charakter der Kurve entsprechend stehen, wenn nicht das Bremsmoment mit abnehmender

Drehzahl stärker abnimmt als das vom Motor entwickelte Moment. Will man daher diesen Teil der Kurve untersuchen, so muß man ein Bremsmoment entwickeln, das nach Abb. 79 in sehr starkem Maße mit der Geschwindigkeit zunimmt, z. B. mittels eines Nebenschlußgenerators mit starker Ankerrückwirkung und schwacher Selbsterregung. Bei diesem erhält man durch Änderung des Widerstandes im Anker- oder Erregerkreis verschiedene Punkte der Momentenkurve im sonst labilen Teil. Auch mit einer Wirbelstrombremse als Belastung des Drehstrommotors kann man einzelne Punkte dieses Teils der Kurve aufnehmen, da das Drehmoment bei niedrigen Drehzahlen proportional mit n zunimmt.

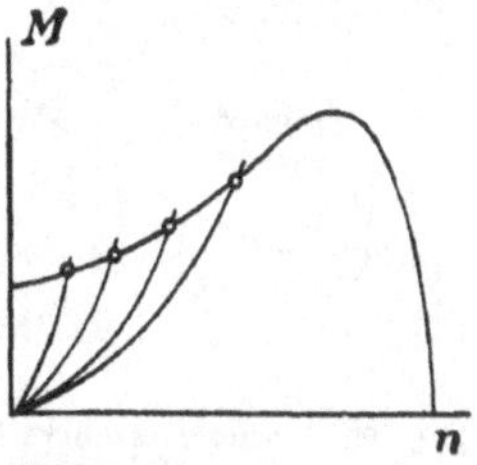

Abb. 79. Aufnahme der Drehmomentkurve im labilen Teil.

Eine weitere Möglichkeit, den labilen Teil der Drehmomentkurve aufzunehmen, besteht in der Aufnahme der Beschleunigungskurve des unbelasteten Motors. Ist die Beschleunigung zu groß, so wird sie durch Anhängen eines größeren, bekannten Tätigkeitsmoments verringert. Durch Differentiation der Zeitgeschwindigkeitskurve erhält man die Zeitbeschleunigungskurve und damit auch die zu jeder Geschwindigkeit gehörige Beschleunigung. Da nun allgemein $J \cdot \frac{d\omega}{dt} = \Sigma M$, so ist die Beschleunigungskurve in Funktion der Zeit dem vom Motor entwickelten Moment (treibendes minus Reibungsmoment) direkt proportional; kennt man J, so ergibt sich daraus direkt das zu einer bestimmten Drehzahl gehörige Moment.

Die Aufnahme dieses Teils der Drehmomentenkurve in Abhängigkeit von n ist deshalb wichtig, weil manche Motoren die Tendenz haben, zu „schleichen", d. h. mit gewissen, meist geringen Drehzahlen ohne weitere Beschleunigung zu laufen; der Fall tritt dann ein, wenn die Drehmomentkurve nach Abb. 80 mit zunehmender Drehzahl nicht weiter zunimmt, sondern Einsattelungen enthält.

Will man die Beschleunigungskurve unter Belastung mit einem konstanten Bremsmoment aufnehmen, so eignet sich besonders die auf S. 31 geschilderte Meßanordnung.

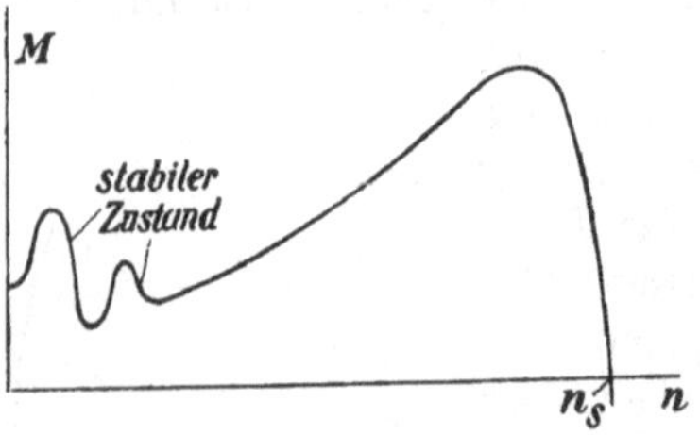

Abb. 80. Drehmomentkurve bei „schleichenden" Motoren.

γ) Übersynchronismus. Das Bremsmoment des Drehstrommotors bei übersynchronem Gang wird am einfachsten mittels einer als Motor arbeitenden Pendeldynamo oder eines Torsionsdynamometers gemessen und gleichzeitig die ins Drehstromnetz zurückwandernde elektrische Energie aufgenommen.

δ) Bei Einschaltung von zusätzlichen Widerständen in den Rotorkreis wird die Drehmomentkurve im Verhältnis der Widerstandsgrößen nach links verschoben, während das Maximum gleichbleibt (Verschiebung des Kippmomentes, Vergrößerung des Anlaufmomentes s. Abb. 78).

ε) Hysteresemoment. Wird der Drehstrommotor unter Zwischenschaltung eines Präzisionsdynamometers (nach I, S. 24ff.) unter gleichzeitigem Anschluß an das Drehstromnetz von außen genau synchron angetrieben, so kann die Leistungsaufnahme sowohl von der Seite des mechanischen Antriebs wie des Drehstroms etwas verschieden sein, je nachdem die Drehzahl des Antriebmotors eine Idee größer oder kleiner ist als die des Drehfeldes. Diese Unsicherheit rührt vom Hysteresemoment her, das vom schneller auf den langsamer sich bewegenden Teil ausgeübt wird. Der Leistungssprung auf der Seite des Drehstroms und des Antriebmotors ist entgegengesetzt gleich (siehe u. a. Görges-Weidig ETZ 1913, S. 741). In der Abb. 81 ist die Drehstromleistung als Ordinate, die Drehzahl des Motors als Abszisse aufgetragen. Der Versuch wird bei offenem Sekundäranker ausgeführt, da sonst noch ein Drehmoment von seiten der Rotorströme bei nicht ganz gleichmäßigem Antrieb wie bei einer Dämpferwicklung hinzukommt.

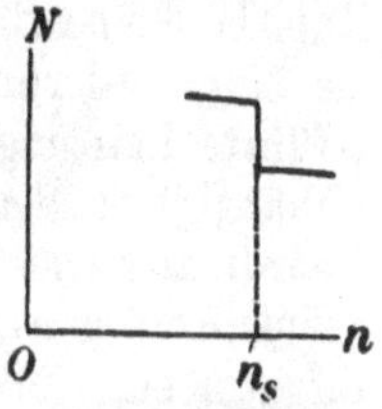

Abb. 81. Sprung des Hysteresemoments beim Synchronismus.

§ 2. Verluste.

a) Kupferverluste im Stator (Ständer). Mißt man mit Gleichstrom den Widerstand R zwischen zwei freien Klemmen des Stators, ganz gleichgültig, ob die Wicklung in $\curlyvee$ oder $\triangle$ geschaltet ist, bei einem Betriebsstrom J in einer Zuführungsleitung, so ist in jedem Fall der Verlust V_w durch Joulesche Wärme im Stator durch den Ausdruck gegeben $V_w = 1{,}5\,RJ^2$, wie leicht zu beweisen.

b) Leerlaufverluste. Die Leerlaufverluste setzen sich aus den Kupferverlusten V_{w1} und V_{w2} im Stator (Ständer) und Rotor (Läufer), der mechanischen Reibung und den Eisenverlusten im Stator und Rotor zusammen. Die Kupferverluste V_{w1} im Stator werden nach a) berechnet, V_{w2} durch Messung des Rotorwiderstandes nach a) und des Rotorstromes bestimmt, wobei man zu seiner Messung wegen der geringen Frequenz ein träges Meßgerät, z. B. ein Hitzdrahtinstrument benutzt. Bei Kurzschlußankermotoren wird V_{w2} am einfachsten durch eine Schlüpfungsmessung ermittelt; es ist $\frac{V_{w2}}{V_R} = \frac{n_\sigma}{n_s}$. Die mechanische Reibung V_R wird nach Kap. II, § 5 bestimmt, indem die Netzspannung und damit die Magnetisierung immer geringer gewählt und die zugeführte Leistung nach Abzug der Jouleschen Wärme in Abhängigkeit der Spannung gemessen wird. In einem Koordinatensystem wird die Spannung als Abszisse, die Verluste nach Abzug der Jouleschen Wärme als Ordinate aufgetragen, die Reibungsverluste durch Extrapolation erhalten.

Die Eisenverluste bestimmt man als Differenz der Leerlaufverluste und der Jouleschen Wärme + Reibungsverluste. Der Hauptanteil dieser Eisenverluste fällt auf die Flußschwankungen hoher Frequenz in den Zähnen des Stators und Rotors und auf den Statoreisenkörper, während die Eisenverluste im Rotorkörper wegen der geringen Ummagnetisierungszahl sehr gering sind.

c) Lastverluste, zusätzliche Verluste (s. Rogowski-Vieweg, Archiv XIV 1925, S. 74). Die bei Belastung hinzukommenden Verluste bestehen aus den meßbaren Kupferverlusten im Stator und Rotor, ferner aus den zusätzlichen Verlusten, die nach den REM § 63 zu 0,5 % der Leistungsaufnahme bei Vollast einzusetzen sind. Tatsächlich sind diese Verluste meist viel höher; sie bewegen sich in der Gegend von 2 % der zugeführten Leistung bei Vollast und sind der Hauptsache nach eine Folge der erhöhten Zahnpulsationen bei Belastung. Sie werden dadurch bestimmt, daß η einmal nach der Leerlaufmethode und den Wicklungswiderständen, sodann durch einen Belastungsversuch mit einer Pendeldynamo oder Torsionsdynamometer mit der größtmöglichen Genauigkeit (ca. 0,3 %) bestimmt wird.

§ 3. Streuungskoeffizient
(bei Motoren mit Schleifringanker).

Bei stillstehendem, offenem Rotor wird dem Stator die Nennspannung U_1 zugeführt und J_1, N_1 sowie die Rotorspannung E_2 gemessen, E_1 durch geometrische Subtraktion des Ohmschen Spannungsabfalls von U_1 ermittelt. Hierbei ist es notwendig, die Spannungen und EMKe auf eine Phase zu beziehen. Es ist dann τ_1 der Streuungskoeffizient des Stators $\tau_1 = \frac{E_1 W_2}{E_2 W_1} - 1$, wobei W_1 und W_2 die Windungszahlen der Primär- und Sekundärwicklung bedeuten. Bei diesem Versuch ist die Leistungsaufnahme bedeutend größer als bei Leerlauf, da die Ummagnetisierungsverluste im Rotor hinzukommen.

Desgleichen erhält man τ_2 (Streuungskoeffizienten des Rotors), indem man bei offenem Stator die normale Spannung U_2' dem Rotor zuführt, E_1', J_2 und N_2 mißt, E_2' durch geometrische Subtraktion des Ohmschen Spannungsabfalls im Rotor von U_2' berechnet. Die normale Spannung U_2' ist dadurch festgelegt, daß der normale Magnetismus hindurchfließt. Es ist $\tau_2 = \frac{E_2' W_1}{E_1' W_2} - 1$.

Die Werte müssen mit der größtmöglichen Genauigkeit aufgenommen werden, da τ_1 und τ_2 nur kleine echte Brüche sind. Ferner ist festzustellen, ob τ_1 und τ_2 von der Lage des Rotors zum Stator sowie von der Höhe der Primärspannung abhängig ist. Unterschiede dürfen nur in ganz geringem Maß auftreten.

Der totale Streuungskoeffizient

$$\tau = \tau_1 + \tau_2 + \tau_1 \cdot \tau_2$$

läßt sich auch direkt messen: Es wird die Nennspannung U_1 an den Stator angelegt, E_1 berechnet und E_2 gemessen.

Dann erhält der Rotor eine so hohe Spannung U_2' mit der EMK E_2', daß im Stator wieder die EMK E_1 genau so wie vorher ist. Dann ergibt sich τ zu $\tau = \frac{E_2'}{E_2} - 1$.

§ 4. Kreisdiagramm.

Geht man von einer konstanten EMK E_1 (d. h. von einem konstanten Primärfluß Φ_1) aus und trägt vom Vektor E_1 ausgehend J_1 für verschiedene Belastungszustände (Schlüpfung, Drehzahl) vektoriell auf, so liegen die freien Enden des Stromvektors auf einem Kreis (Heyland); ein ähnlicher Kreis ergibt sich, wenn man von der gleichbleibenden Netzspannung U_1 ausgeht (Ossanna). Zur Aufnahme des einen dieser Kreise, die sich auf eine Phase des Motors beziehen, führt man folgende Messungen aus:

α) Synchroner Leerlauf: Der Motor wird von außen synchron angetrieben, J_1, N_1, $\cos\varphi_1$ und das Hysterese-Moment gemessen. Der Rotorkreis ist offen.

β) Asynchroner Leerlauf. J_1 und J_2, N, n_σ werden gemessen.

γ) Betrieb. Einige Belastungspunkte, auch über die Nennlast hinaus, werden aufgenommen.

δ) Kurzschluß. Der Rotor wird über einen Strommesser geschlossen und festgebremst, an den Stator eine niedrige Spannung U_1 angelegt und allmählich erhöht, J_1 und J_2 und N in Funktion von U_1 gemessen, die der Netzspannung entsprechenden Werte von J_1 und J_2 extrapoliert, J_1 und J_2 wachsen proportional, N quadratisch mit U_1, $\cos\varphi$ ist beim Kurzschluß nur wenig von der Höhe der angelegten Spannung abhängig. In Abb. 82a ist der Verlauf von J_1 und N über U_1 aufgetragen, die Werte für die Nennspannung sind extrapoliert.

Strenggenommen ist zur Aufnahme des Kreisdiagramms nur α und δ notwendig; β und γ dienen zur Kontrolle. Aus dem Diagramm lassen sich sämtliche im Betrieb vorkommenden Größen: Stator- und Rotorstrom, $\cos\varphi$, n_a, η bei verschiedenen Belastungen, Kippmoment, Anlaufmoment, Leistungsaufnahme bei Synchronismus, mechanische Leistungen, Verluste, entnehmen. Daher seine große Bedeutung. Das nähere Eingehen auf diese Verhältnisse würde an dieser Stelle zu weit führen.

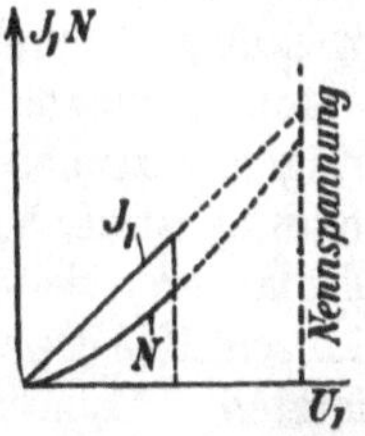

Abb. 82 a. Aufnahme des Kurzschlußversuches.

§ 5. Kompensierte Drehstrommotoren

dienen zur Verbesserung des Leistungsfaktors. Sie sind in der Lage, nicht nur keinen Magnetisierungsstrom aus dem

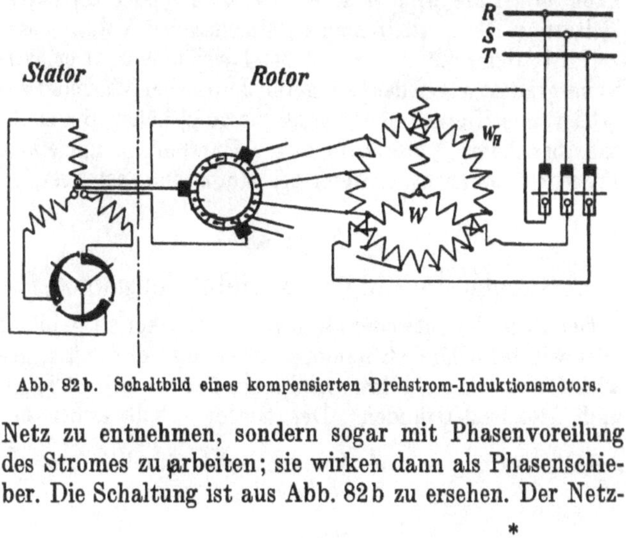

Abb. 82 b. Schaltbild eines kompensierten Drehstrom-Induktionsmotors.

Netz zu entnehmen, sondern sogar mit Phasenvoreilung des Stromes zu arbeiten; sie wirken dann als Phasenschieber. Die Schaltung ist aus Abb. 82 b zu ersehen. Der Netzstrom wird über 3 Schleifringe der Drehstromwicklung W des Rotors zugeführt; die Magnetisierung erfolgt mit Hilfe einer auf dem Rotor untergebrachten, von der Hauptwicklung W unabhängigen Gleichstromhilfswicklung W_H, deren Elemente mit einem schmalen, neben den Schleifringen sitzenden Kollektor verbunden sind. In der Abbildung ist der besseren Übersicht halber der Kollektor auf der anderen Seite der Welle angedeutet. Auf dem Kollektor schleifen drei um je 120° elektrisch verschobene Bürsten; letztere führen den Strom der Hilfswicklung den drei Anfängen der Drehstromwicklung des Stators zu, deren Enden zu einem Anlasser führen.

Während der Anlaßperiode unterscheidet sich der kompensierte Motor kaum von einem gewöhnlichen Induktionsmotor. Im Betrieb sind seine Eigenschaften nach der Einstellung der Bürsten auf dem Kollektor verschieden; je nach ihrer Lage erhält man eine induktive oder kapazitive Belastung. Meist stellt man so ein, daß bei Vollast $\cos \varphi = 1$ ist; dann eilt der Strom bei Leerlauf vor. Der Wirkungsgrad ist wegen der geringeren Jouleschen Wärme etwas größer, das Kippmoment um 20 bis 40% höher, die Drehzahl bei diesen Motoren in dieser Bürstenlage um einige Prozent übersynchron, wenn der Motor unbelastet ist.

7. Kapitel.

Messungen an Einphasen-Induktionsmotoren.

Der Rotor ist entweder als Kurzschlußanker ausgebildet oder wie beim Drehstrommotor zwei- oder dreiphasig gewickelt; die Enden führen in diesem Fall zu Schleifringen und Anlaßwiderständen. Der Stator erhält außer der Arbeitswicklung I zum Anlassen eine räumlich um $\frac{90^0}{p}$

(p = Polpaarzahl) auf dem Umfang versetzte Hilfswicklung II, die so geschaltet ist, daß das von ihr erzeugte Wechselfeld gegen das Feld der Arbeitswicklung in der Phase verschoben ist. Die Verschiebung des Feldes in den zwei Statorwicklungen erfolgt mittels einer Kombination von Spulen, Kondensatoren oder Ohmscher Widerstände

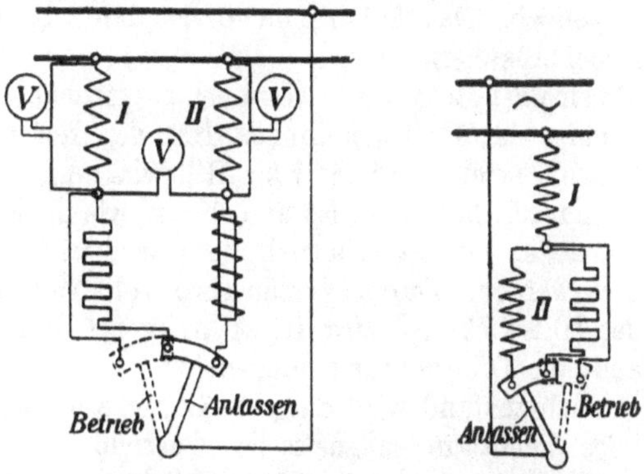

Abb. 83a. Abb. 83b.
Ausführungsmöglichkeiten der Haupt- und Hilfswicklung von Einphasenmotoren.

in Parallel-, Reihen- oder Brückenschaltung. Abb. 83 zeigt zwei Ausführungsmöglichkeiten. Eine einzige vom Einphasenstrom durchflossene Statorwicklung könnte nur ein Wechselfeld erzeugen, das durch Transformatorwirkung im gleichmäßig bewickelten, ruhenden Rotor zwar starke Ströme, dagegen kein Drehmoment zur Folge hätte; denn die magnetisierenden AW der Rotorströme fallen in die magnetische Achse des Stators. Durch das Zusammenwirken der Magnetfelder der zwei Statorwicklungen entsteht ein meist stark verzerrtes Drehfeld. Erstrebt wird ein möglichst kreisförmiges Drehfeld, da dann das Anlaufmoment am größten ist. Bei Stillstand wird das Drehfeld durch ein Spannungsdreieck ermittelt, das durch Anlegen je eines Spannungsmessers an die Arbeitswicklung, an die Anlaßwicklung und an die beiden Enden der zwei Wicklungen nach Abb. 83a gewonnen wird. Bei einem kreisförmigen Drehfeld würde das Spannungsdreieck gleichschenklig und rechtwinklig sein; im allgemeinen weicht es stark davon ab. Das Anlaufmoment ist daher besonders bei Kurzschlußankern gering.

Sobald sich der Rotor dreht, kommen zusätzliche magnetische Felder der Rotation hinzu. Hat der Motor seine Nenndrehzahl erreicht, so muß die Hilfswicklung, die nur für die Anlaßzeit berechnet ist und ebenso, wie die übrigen Anlaßapparate, im Dauerbetrieb zu warm würde, ausgeschaltet werden. Durch Vertauschen von Anfang und Ende der Hilfswicklung wird die Richtung des Drehfeldes, und damit die Drehrichtung, umgekehrt.

Im Betriebszustand wird das zur Aufrecherhaltung des Drehfeldes benötigte magnetische Querfeld durch die Rotorströme erzeugt und in Abhängigkeit von Drehzahl und Belastung mittels Prüfwicklung gemessen, wozu man direkt die Hilfswicklung benutzen kann. Die Betriebskurven ergeben qualitativ ähnliche Bilder wie beim Drehstrommotor; es ist jedoch bei gleicher mechanischer Leistung die Stromstärke, die elektrisch zugeführte Leistung, die Schlüpfung und Phasenverschiebung größer, das Kippmoment und der Wirkungsgrad geringer; ganz besonders beim Anlassen liegen die Verhältnisse ungünstiger. Außerdem nimmt das Kippmoment bei Drehzahlregulierung mittels Widerstände im Rotorkreis mit zunehmendem Widerstand ab. Der Motor ist in jeder Hinsicht dem Drehstrommotor unterlegen.

8. Kapitel.

Messungen an Wechselstrom-Kollektormotoren[1]).

§ 1. Betriebseigenschaften.

a) Drehzahl. Bei den meisten Motoren ist die synchrone Drehzahl die normale, daher ist die letztere der Frequenz proportional. Der Einphasenreihenschlußmotor bildet eine Ausnahme, seine Drehzahl ist von der Frequenz fast gar nicht, von der Spannung dagegen stark abhängig. Motoren mit Nebenschlußcharakteristik fallen je nach der Art und Größe um ca. 5% bei Belastung ab, während Reihenschlußmotoren eine mit variabler Belastung stark veränderliche Drehzahl haben; daher Vorsicht bei Entlastung.

Die feinstufige und wirtschaftliche Regelbarkeit der Drehzahl ist innerhalb weiter Grenzen (etwa zwischen 10% und 150% der Nenndrehzahl) möglich; sie bildet die wertvollste Eigenschaft der Kollektormotoren.

b) Drehmoment. Das Anlaufmoment ist bei Motoren mit Reihenschlußcharakter ca. das 2,5fache des normalen Moments, bei einer Stromaufnahme gleich dem doppelten des Nennstroms; hierbei ist das normale Drehmoment durch eine gute Ausnutzung des Motors bei einer Erwärmung innerhalb der zulässigen Grenzen definiert. Das maximale Moment liegt meist höher als das 2,5fache des Nennmoments.

c) Der Leistungsfaktor ist bei Reihenschlußmotoren von 10—20 KW und bei Vollast ca. 0,90, bei Repulsionsmotoren 0,80. Durch besondere Anordnungen kann er — besonders in der Nähe des synchronen Ganges — bis auf die Einheit gebracht werden.

---

[1]) Siehe insbes. Schenkel: Kommutatormotoren.

d) Der Wirkungsgrad ist infolge der Verluste am Kollektor (mechanische Reibung, Strom in kurzgeschlossenen Spulen, Bürstenübergangsspannung) geringer als bei gleich großen Induktionsmotoren. Für Maschinen von 15 KW beträgt er bei Vollast etwa 80%.

e) Das Anlassen erfolgt bei Reihenschlußmotoren mittels Anlaßtransformators und Schaltwalze, bei Repulsionsmotoren durch Bürstenverschiebung ohne nutzlosen Leistungsverbrauch in Anlassern.

f) Die Kollektorwartung ist außerordentlich wichtig, da der einwandfreie Betrieb in viel höherem Maße als bei Gleichstrom von einem funkenfreien Arbeiten abhängig ist. Der Kollektor muß vollkommen glatt und rund sein, die Bürsten dürfen nicht klemmen, müssen auf der ganzen Fläche gut aufliegen; jede Verunreinigung des Kollektors durch Staub, Öl od. dgl. ist peinlich zu vermeiden. Die Stromwendung ist schwierig, da zur EMK. der Stromwendung e_r (sog. Stromwendespannung oder Reaktanzspannung), die genau wie bei Gleichstrom auftritt, eine EMK der Transformation e_k in den durch die Bürsten kurzgeschlossenen Spulen (Kurzschlußspannung) hinzutritt; die für die Funkenbildung maßgebende Summenspannung u_f ist durch die Beziehung gegeben:

$$u_f = e_r \widehat{+} e_k = \sqrt{e_r^2 + e_h^2},$$

da beide Summanden rechtwinklig zueinander stehen. e_r und e_k sind von der Größenordnung von je $3\,V$; je größer die Frequenz, umso größer ist e_k, daher die geringe Frequenz bei schweren Betrieben (Bahnen); e_r und e_k lassen sich durch Wendepole, Kompensationswicklungen und besondere Anordnungen nie vollkommen unterdrücken, eine gewisse kleine Restspannung u_f bleibt immer übrig, die zur Unterdrückung der Funken möglichst niedrig gehalten werden muß.

g) Die Spannungsgrenze liegt bei Repulsionsmotoren sehr hoch (über 1000 V), da dem Rotor kein Netzstrom zugeführt wird, bei Reihenschlußmotoren liegt sie in der Gegend von 500 V für $f = 16^2/_3$ Hertz und 100 V bei $f = 50$ Hertz.

h) Das Rückarbeiten aufs Netz ist bei Motoren mit Nebenschlußcharakteristik leicht möglich.

Die bei Kollektormotoren auftretenden Schaltungen und Untersuchungen sind außerordentlich mannigfaltig und vielseitig. Dem Charakter dieses Heftes entsprechend sollen hier nur die Betriebseigenschaften der einfachsten Systeme kurz besprochen werden.

§ 2. Einphasen-Reihenschlußmotor.

Abb. 84 gibt das Schaltbild des Motors wieder. T ist ein Reguliertransformator zum Anlassen und Tourenregulieren; bei niedrigen Netzspannungen ist er als Einspulentransformator ausgebildet. Nach den Normen des VDE für die Bezeichnung von Klemmen bedeutet EF die in Reihe mit dem Anker geschaltete Erregerwicklung, G_1H_1 die Wendepol- und G_2H_2 die magnetisch koachsiale Kompensationswicklung, die senkrecht zur magnetischen Achse der Erregerwicklung stehen. Bei größeren Motoren sind Wendepole und Kompensationswicklung unbedingt erforderlich.

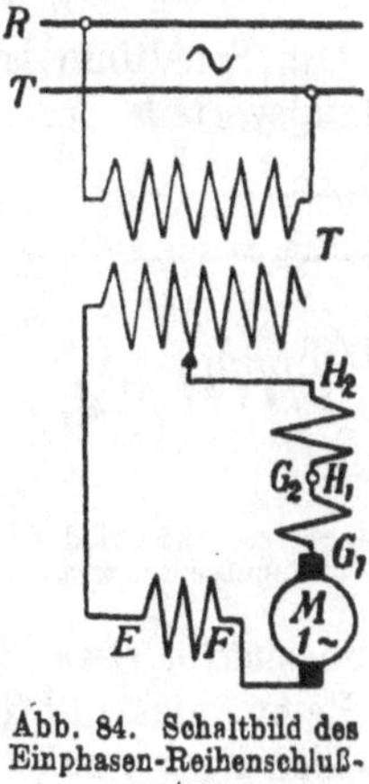

Abb. 84. Schaltbild des Einphasen-Reihenschluß-motors.

Die Betriebseigenschaften lassen sich aus den Schaulinien Abb. 85 entnehmen. Als Abszisse ist das Drehmoment M, als Ordinate n und J

aufgetragen, und zwar in Prozenten der normalen Größen. Die verschiedenen n-Kurven beziehen sich auf verschiedene Werte der Motorspannung, die ebenfalls in Prozenten der Nennspannung ausgedrückt sind. Die Stromstärke ist wie beim Gleichstromreihenschluß-motor nur vom verlangten Drehmoment, dagegen von der Netzspannung fast gar nicht abhängig. Auch die Tourenkurven sind denen bei Gleichstrom ähnlich.

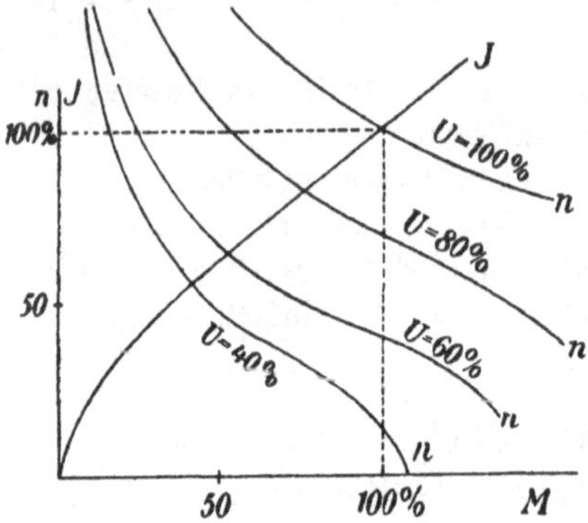

Abb. 85. Betriebskurven des Einphasen-Reihenschlußmotors.

§ 3. Repulsionsmotor.

Das Schaltbild ist durch Abb. 86 gekennzeichnet; die Hauptvorteile liegen in der völligen Unabhängigkeit der Ankerwicklung von der Netzspannung, weshalb sehr hohe Spannungen der Erregung zugeführt werden können, ferner in der Einfachheit des Anlassens und der Drehzahlreglung lediglich durch Bürstenverschiebung. Für schwere Betriebe ist er dagegen weniger geeignet als der Reihenschlußmotor, auch ist sein Leistungsfaktor etwas niedriger.

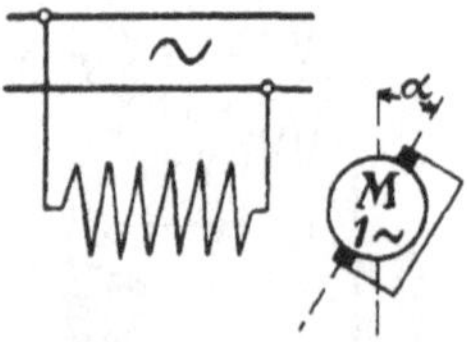

Abb. 86. Schaltbild des Repulsionsmotors.

Beim Anlassen liegen die Bürsten senkrecht zur magnetischen Feldachse ($\alpha = 0$ in Abb. 85); von dieser Lage aus wird die Bürstenverschiebung α gezählt. Für $\alpha = 0$ ist die Stromstärke J_r im Rotor (Anker) und damit auch $M = 0$; denn in dieser Bürstenlage werden im Anker — als ganzes genommen — keine EMKe der Transformation induziert (s. Abschnitt III, § 2 b). In der um 90⁰ versetzten Bürstenlage ($\alpha = 90^0$) ist zwar J_r ein Maximum, aber trotzdem $M = 0$, da kein Feld senkrecht zur magnetischen Erregerachse erzeugt wird; diese Lage ist daher unbrauchbar. DasMaximum von M liegt in der Gegend von 80⁰, beim normalen Arbeitsgang schwankt α etwa zwischen 65⁰ und 80⁰. Abb. 87 zeigt die Betriebskurven des Motors bei normalem Moment in Abhängigkeit vom elektrischen Bürstenverdrehungswinkel α. Erst bei einem Winkel $\alpha \approx 50^0$ setzt sich der Motor in

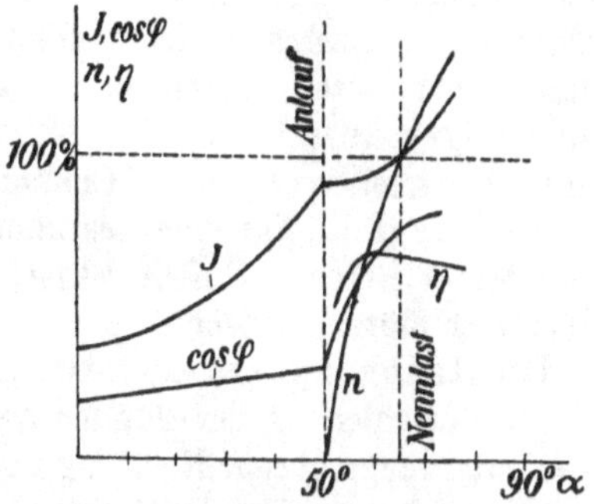

Abb. 87. Betriebskurven des Repulsionsmotors bei verschiedenen Burstenlagen.

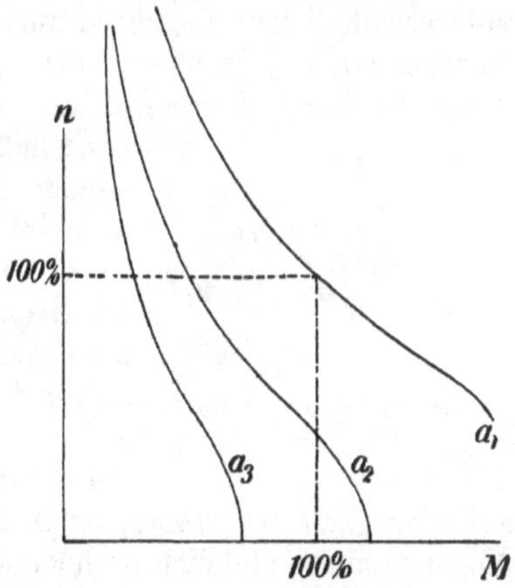

Abb. 88. Betriebskurven.

Bewegung, η steigt sehr schnell auf ein Maximum und geht dann wieder zurück, n steigt plötzlich stark an und wächst linear mit weiter zunehmendem α. Hält man α konstant und trägt n über M auf, so erhält man Kurven von dem in Abb. 88 wiedergegebenen Charakter für verschiedene Winkel α; d. h., für eine bestimmte Bürstenstellung hat der Motor Reihenschlußcharakter, bei größerer Belastung bleibt er plötzlich stehen.

Umsteuerung des Motors. Die Drehrichtung wird durch Verschiebung der Bürsten aus der Lage $\alpha = 0$ nach der entgegengesetzten Richtung umgekehrt.

§ 4. Deri-Motor.

Die Abb. 89 zeigt die Schaltung; er unterscheidet sich vom gewöhnlichen Repulsionsmotor durch den doppelten Bürstensatz, von denen der eine U, V in der magnetischen Achse des Erregerfeldes fest, der andere X, Y drehbar ist.

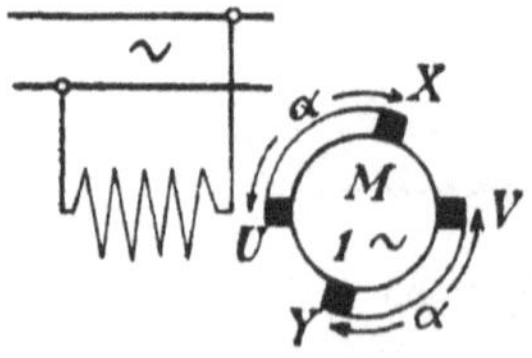

Abb. 89. Schaltbild des Deri-Motors.

U ist mit X, Y mit V direkt verbunden. α liegt bei Nennlast und Nenndrehzahl in der Gegend von 135°. Die Betriebskurven für das Nennmoment sind in Abb. 90 wiedergegeben. Der Motor setzt sich bei einem viel kleineren α als beim einfachen Repulsionsmotor in Bewegung, die Regulierfähigkeit ist größer, er bleibt bei großem Bremsmoment nicht plötzlich stehen, sondern man kann ihn durch Änderung von α bei jeder Belastung bis auf kleine Drehzahlen herab regeln. Die Umsteuerung erfolgt wie beim einfachen Repulsionsmotor. Die Kommutierungsverhältnisse liegen am günstigsten etwas unterhalb der synchronen Drehzahl; in dieser Gegend ist die Restspannung von e_k sehr gering, u_f ist im wesentlichen durch e_r festgelegt. Mit übersynchroner Drehzahl steigt u_f mit e_k schnell an, daher ist eine Regulierung über 10% über die synchrone Drehzahl hinaus nicht mehr gut möglich.

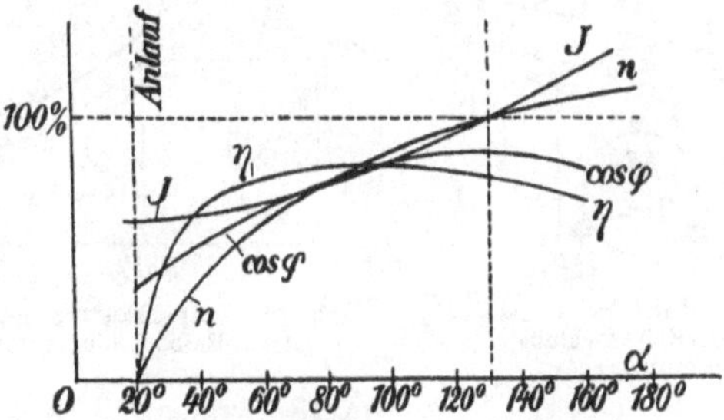

Abb. 90. Betriebskurven des Deri-Motors.

Durch Kurzschließen des Ankers mittels besonderen Schalters kann der Repulsionsmotor den Charakter eines Nebenschlußmotors erhalten; er ist aber dann nicht mehr regulierbar.

§ 5. Dreiphasen-Reihenschlußmotor.

Das Schaltungsschema der einfachsten Anordnung zeigt Abb. 91. Die drei Enden der Drehstromerregerwicklung auf dem Stator führen zu drei Bürsten, die elektrisch um 120° auf dem Kollektor gegeneinander versetzt sind. Sowohl die Stator- wie die Rotor-AW suchen ein ungefähr sinusförmig auf dem Ankerumfang verteiltes Drehfeld zu erzeugen, das sich mit einer der Polpaarzahl und Frequenz entsprechenden Geschwindigkeit dreht. Je nach der Lage der drei Bürsten *U V W* unterstützen sich die Stator- und Rotor-AW oder arbeiten sich entgegen. Als Nullage wird die Stellung bezeichnet, bei der sie sich direkt addieren (Null- oder Anfangsstellung $\alpha = 0$). Werden die Bürsten

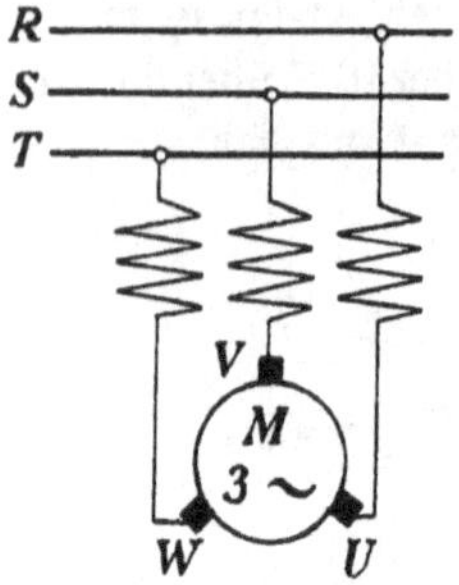

Abb. 91. Schaltschema des Drehstrom-Reihenschluß-motors.

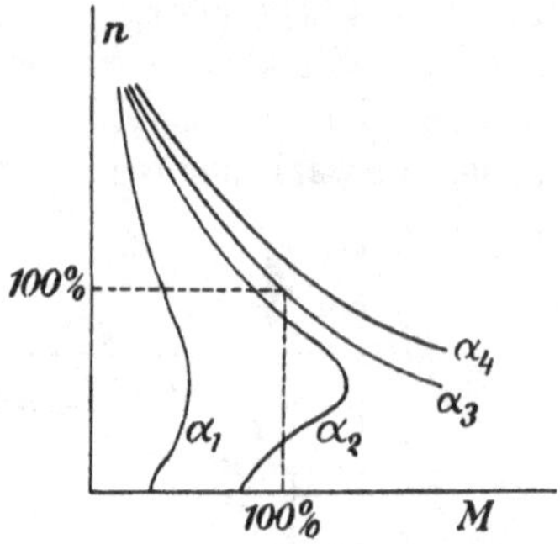

Abb. 92. Betriebskurven des Drehstrom-Reihenschlußmotors.

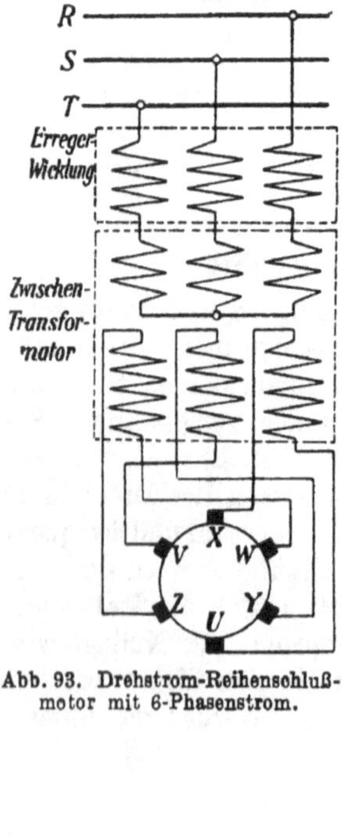

Abb. 93. Drehstrom-Reihenschluß-motor mit 6-Phasenstrom.

um 180° versetzt, so arbeiten sich die AW entgegen, es bildet sich nur ein schwaches Differenzfeld, die Bürstenlage bedeutet einen Kurzschluß (Kurzschlußstellung). Durch die Bürstenverschiebung wird die Stärke des resultierenden Feldes, die Verteilung der Spannung auf Stator und Rotor, das Moment und die Drehzahl geregelt. Meist arbeitet man in einem Bereich zwischen 0 und 150°.

Abb. 92 gibt die Drehzahl in Funktion des Drehmoments für verschiedene Winkel α. Als Abszisse ist wie auf Abb. 84 das Drehmoment, als Ordinate die Drehzahl für eine bestimmte

Bürstenlage in Prozenten der Nenngrößen aufgetragen. Man erkennt wieder den Reihenschlußcharakter der Tourenkurve; unangenehm ist die große Tourenänderung bei geringen Änderungen des Moments.

Durch Einschaltung eines Zwischentransformators nach Abb. 93 wird der Motor verbessert und die Drehzahlkurve sanfter (kein schroffer Anstieg bei Entlastung!); die Zahl der Rotorphasen kann auf sechs gesteigert, desgleichen wie beim Derimotor ein Bürstensystem (*XYZ*) fest, ein zweites, (*UVW*) drehbar angeordnet werden.

Der Leistungsfaktor kann beim synchronen Gang bis auf den Wert 1 steigen, der Strom sogar der Spannung voreilen.

9. Kapitel.

Umformung der Stromart, Gleichrichter.

In der Regel soll der Wechsel- und Drehstrom in Gleichstrom umgeformt werden. Die Umformung erfolgt mittels Maschinen (Motorgeneratoren, Einanker- und Kaskadenumformer), mechanischer Gleichrichter (rotierende oder schwingende Systeme) oder elektrischer Ventile, die dem Strom in der einen Richtung einen anderen Widerstand entgegensetzen als in der anderen, und zwar infolge des Temperaturunterschiedes, der Oberflächengröße und Beschaffenheit der Elektroden dieser Ventile. Solche Steuerorgane sind u. a. Aluminiumzellen, Mineraliendetektoren, Glühkathodenröhren, Quecksilberdampfgleichrichter, Gasentladungen in dichten oder verdünnten Räumen zwischen Elektroden von verschiedener physikalischer oder chemischer Beschaffenheit.

Die wichtigsten zu messenden Größen sind die Pulsationen des erzeugten Gleichstroms, der Wirkungsgrad des

Gleichrichters und das Übersetzungsverhältnis der Gleich- und Wechselspannung.

§ 1. Pulsationen.

Die durch den Gleichrichter gleichgerichteten Spannungs- und Stromkurven haben keine konstante Amplitude, sondern sind wellenförmig. Besonders stark tritt diese Erscheinung auf bei mechanischen Gleichrichtern und Einphasenventilen in einfachster Schaltung, mitunter kommen aber auch bei Einankerumformern starke Schwankungen vor, die nicht von der Nuten- und Kollektorteilung, sondern von der Verzerrung der zugeführten Wechselstromkurve herrühren, wenn z. B. die Zuleitung aus fast unbelasteten Kabeln besteht; sie können so groß sein, daß der Gleichstrom zeitweise Null oder sogar negativ wird. Bei stationären Verhältnissen kann man den Wellenstrom stets als die Resultierende eines konstanten Gleichstroms und eines überlagerten Wechselstroms auffassen, der nach Fourier in eine Grundschwingung und in Oberschwingungen zerlegt werden kann. Im einfachsten Fall hat der überlagerte Wechselstrom sinusförmige Gestalt.

Die Frequenz f' dieses Wechselstroms hängt in der Regel in einfacher Weise mit der Frequenz des zugeführten Stromes zusammen; beim Sechsphasen-Quecksilberdampfgleichrichter ist $f' = 6f$.

Die Messung der Wechselstromkomponente des Gleichstroms erfolgt entweder grob (s. IV, S. 74) durch Hintereinanderschaltung eines Drehspul- und Weicheisenstrommessers in den Gleichstromkreis oder am besten mit dem Oszillographen. Die Wechselstromkomponente kann man auch direkt erhalten: Nach Abb. 94 läßt man auf den Kathodenfleck einer Kathodenstrahlröhre nach Prof. Braun zwei gleichachsige Spulen wirken; die eine (I) wird von dem zu untersuchenden pulsierenden Strom, die andere (II) von einem konstanten Akkumulatorenstrom durchflossen; beide Spulen sind magnetisch gegeneinander geschaltet und die Stromstärke in (II) so eingestellt, daß sich die Wirkungen der Gleichströme gegenseitig aufheben und der Kathodenfleck auf dem Fluoreszenzschirm nach beiden Seiten gleichmäßig zu einer Lichtlinie auseinandergezogen wird. Diese Lichtlinie wird im rotierenden Spiegel beobachtet, sie ergibt direkt die Wechselstromkomponente. Wird senkrecht zu den Spulen I und II ein Spulenpaar III von einem, von der zugeführten Spannung abgezweigten Strom durchflossen, so erhält man auf dem Fluoreszenzschirm ein stehendes Bild, woraus die Form der Wechselstromkomponente abgeleitet werden kann. Ein anderer Weg besteht darin, daß man in den Stromkreis einen Stromwandler mit größerem Luftspalt einbaut, dessen Primärwicklung für den Gesamtstrom dimensioniert ist und sekundär einen Strommesser für Wechselstrom oder einen Oszillographen anlegt. Man kann schließlich auch auf die Weise zum Ziel kommen, daß man in den Stromkreis einen nur auf Wechselstrom reagierenden Strommesser einbaut, der einerseits empfindlich genug ist und andererseits durch den Gleichstrom nicht zu stark erwärmt wird.

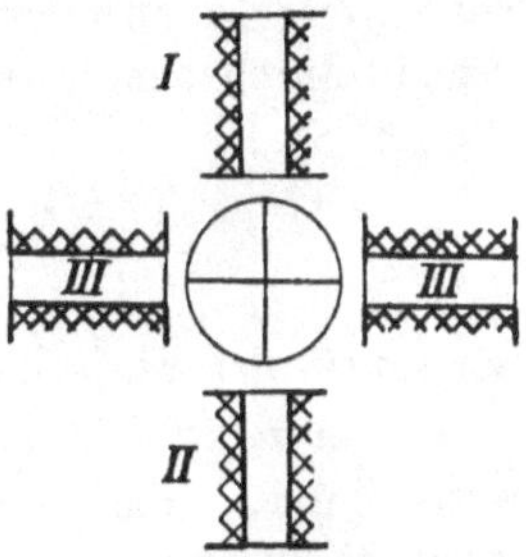

Abb. 94. Messung der Wechselstromkomponente eines pulsierenden Gleichstroms mit der Braun'schen Röhre.

§ 2. Wirkungsgrad.

Die übliche Definition des Wirkungsgrades, $\eta = \frac{N_2}{N_1} =$ abgegebene durch zugeführte Leistung, macht in den

Fällen Schwierigkeiten, wo wir nur die reine Gleichstromkomponente des gleichgerichteten Stromes ausnützen, z. B. bei der Akkumulatorenladung, der Elektrolyse, teilweise bei Motoren und wo die Wechselstromkomponente nur eine unerwünschte, meist sogar schädliche Erwärmung des angeschlossenen Apparates hervorruft. N_2 ist allgemein durch den Ausdruck gegeben:

$$N_2 = \frac{1}{T}\int\limits_0^T i\,u\,dt$$

wir setzen der Einfachheit halber:

$$i = i_{gl} + J \sin 2\pi f t;\quad u = u_{gl} + U \cdot \sin(2\pi f t - \varphi),$$

wobei T die Zeitdauer einer Periode, i und u die Momentanwerte, i_{gl} und u_{gl} die Gleichstrommittelwerte des abgegebenen Stromes und Spannung, $\overline{J}$ und $\overline{U}$ die Maximalwerte der Wechselstromkomponente bedeuten. Es ist dann

$$N_2 = i_{gl} \cdot u_{gl} + \frac{1}{T}\int\limits_0^T \overline{J} \cdot \overline{U} \cdot \sin 2\pi f t \sin(2\pi f t - \varphi)\,dt, \text{da}$$

die Glieder $\int i_{gl} \cdot \overline{U} \cdot \sin(2\pi f - \varphi)\,dt$ und $\int u_{gl} \cdot \overline{J} \sin 2\pi f t\,dt$ wegfallen oder $N_2 = i_{gl} \cdot u_{gl} + J U \cos\varphi$, wobei J und U Effektivwerte bedeuten. Setzen wir der Einfachheit halber $\cos\varphi = 1, \varphi = 0$, d. h. Strom und Spannung seien für die Wechselstromkomponente phasengleich, was im allgemeinen nicht zutrifft, so erhält man $N_2 = i_{gl} u_{gl} + J U$. N_2 wird durch einen Leistungszeiger, i_{gl} und u_{gl} durch Drehspul-Instrumente gemessen; wir können daher ohne weiteres aus der Differenz $N_2 - i_{gl} \cdot u_{gl}$ auf die Größe der Wechselstromleistung im Gleichstromkreis zurückschließen; diese Leistung setzt sich der Hauptsache nach in Wärme um. Meist liegen die Verhältnisse viel komplizierter, die Einsetzung einer einfachen Sinusfunktion für die Wechselstromkomponente genügt nicht, man muß dann eine Fouriersche Reihe einsetzen. Das Resultat bleibt jedoch qualitativ dasselbe; stets ist $i_{gl} \cdot u_{gl}$ kleiner als N_2; der Gleichstromwirkungsgrad ist durch die Formel gegeben:

$$\eta = \frac{i_{gl} \cdot u_{gl}}{N_1}$$

Beim Quecksilberdampfgleichrichter ist der Spannungsverbrauch fast unabhängig von der Belastung; er bewegt sich in der Gegend von 25 V. Daher bleibt η bei den verschiedenen Belastungen fast konstant; η ist um so höher, je höher die Spannung, mit der gearbeitet wird. Bei Kleinaggregaten wird der Wirkungsgrad der ganzen Anlage durch die Zusatzapparate (Transformator, Drosselspule usw.) heruntergedrückt; gleichzeitig ergibt sich eine starke Abhängigkeit von der Belastung.

§ 3. Übersetzungsverhältnis.

Beim Einankerumformer ergibt sich das Verhältnis zwischen der Gleich- und Wechselspannung im Fall der

Abb. 95. Spannungsverhaltnisse eines Einankerumformers.

Sinuskurve durch eine einfache geometrische Beziehung. Es sei in Abb. 95 in irgendeinem Maßstab die Gleichstromspannung gleich dem Durchmesser eines Kreises, dann ist der Maximalwert der Einphasenspannung ebenfalls durch einen Durchmesser, die Spannung zwischen zwei benachbarten Phasen eines Vierphasensystems durch den Quadranten AB, die Dreiphasenspannung durch AC, die Sechsphasenspannung durch den Radius oder AD gegeben.

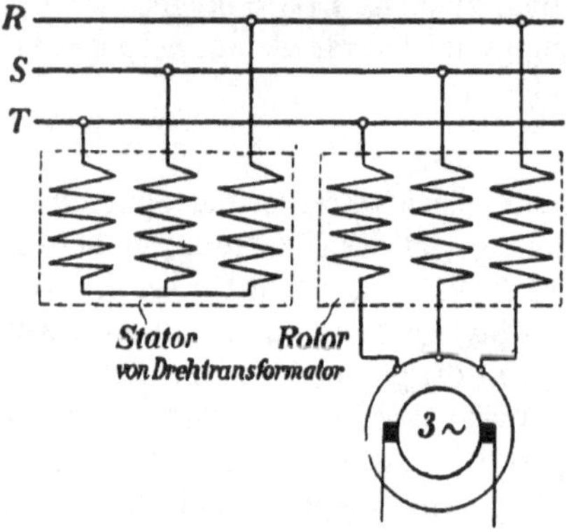

Abb. 96. Regulierung der Gleichspannung eines Einankerumformers mittels Drehtransformators.

Die Effektivwerte erhält man durch Division der Maximalwerte durch $\sqrt{2}$. Aus den Messungen der tatsächlichen Spannungen kann man rückwärts auf die Größe der Abweichungen der Kurven von der reinen Sinuskurve zurückschließen. Bei Belastung ist die Gleichstromspannung infolge des Ankerwiderstandes und der Ankerrückwirkung etwas geringer als der zugeführten Wechselspannung entspricht. Die Regulierung der Gleichspannung und der Ausgleich der Spannungsschwankungen des Wechselstromnetzes erfolgen beide auf der Wechselstromseite nach Abb. 96 mittels Drehtransformators.

Sachverzeichnis.

Erdmagnetismus, Erdstrom u. Polarlicht. Von Prof. Dr. A. Nippoldt. Dritte, verbesserte Auflage. Mit 7 Tafeln und 18 Figuren. 135 Seiten. 1921. (Samml. Göschen Bd. 175.) . . . . Geb. RM. 1.50
Der Band berücksichtigt den neuesten Stand der Forschungen über den Magnetismus der Sonne, die auf ihr vorhandenen magnetischen Felder und deren Wirkungen auf das Weltall, über den die Erde umgebenden unsichtbaren Ring aus elektrischen Teilchen u. a.

Radioaktivität. Von Professor Dr. P. Ludewig. Mit 37 Abbildungen. 133 Seiten. 1921. (Samml. Göschen Bd. 317.) . . . . . Geb. RM. 1.50
Einführung in das periodische System der Elemente, Atomzerfall und Radioaktivität, Radioelemente und physikalische Eigenschaften und Wirkungen der radioaktiven Strahlen, in die Grundlagen der radioaktiven Messungen und Anwendung der radioaktiven Strahlen in der Medizin.

Physikalische Tabellen. Von Dr. A. Leick. Zweite, neubearb. Auflage. 96 Seiten. (Samml. Göschen Bd. 650) . . . . Geb. RM. 1.50
Eine kurze tabellarische Zusammenstellung ausgewählter mathematischer, astronomischer, geophysikalischer, physikalischer Zahlenwerte, die vornehmlich Lehrern und Studierenden zu rascher Orientierung dient.

Technische Tabellen und Formeln. Von Dr. Ing. W. Müller. Zweite, verbesserte Auflage. Mit 106 Figuren. 148 Seiten. 1921. (Sammlung Göschen Bd. 579.) . . . . Geb. RM. 1.50
Eine für die Praxis wertvolle Zusammenstellung von Daten, Normalprofilen, Tabellen und Formeln aus dem Gebiet der Wärme, Festigkeitslehre, Maschinenkunde und Elektrotechnik.

Englisch für Techniker. Ein Lese- und Übungsbuch f. Ing. u. zum Gebrauch an Techn. Lehranstalten. Unter Mitarbeit von Dozent Albany Featherstonhaugh, hrsg. von Direktor Ingenieur Carl Volk. (Samml. Göschen Bd. 705 und 706.)
I. Maschinenteile, Kraftmaschinen, Kessel u. Pumpen. Mit 25 Figuren. 121 Seiten. 1922. . . . . Geb. RM. 1.50
II. Elektrotechnik. Mit 19 Figuren. 115 Seiten. 1923. . . Geb. RM. 1.50
Das Buch ist in erster Linie für den Selbstunterricht und für technische Lehranstalten bestimmt, doch dürfte es auch in keinem größeren technischen Büro fehlen.

Die symbolische Behandlung der Wechselströme. Von Dipl.-Ing. Gerhard Hauffe. Mit 40 Figuren. 102 Seiten. 1928. (Samml. Göschen Bd. 991.) . . . . Geb. RM 1 50
Inhalt: Mathematische Grundlagen, Übertragung der komplexen Rechnung auf elektrotechnische Probleme, die Widerstandsoperatoren, di symbolische Behandlung von Schaltungen und die Leistung in der symbolischen Rechnung.

Tarife für den Verkauf elektrischer Arbeit. Von Dipl.-Ing. Paul Munk. Mit 28 Abbildungen. 97 Seiten. 1927. (Samml. Göschen Bd. 969.) Geb. RM. 1.50
Der für Studierende und Großstromverbraucher bestimmte Band behandelt Gestehungskosten, die verschiedenen Tarife, Kohlenklauseln, Stromlieferungsverträge, Zählermessungen und Tarifpolitik.

Elektrische Stromerzeugungsmaschinen und Motoren. Kurzer Abriß ihres Aufbaues und ihrer Wirkungsweise. Leichtfaßlich dargestellt von Richard Vater, Geh. Bergrat, o. Professor an der Technischen Hochschule Berlin. Herausgegeben von Dr. Fritz Schmidt, Privatdozent an der Technischen Hochschule Berlin. Mit 116 Abbildungen im Text. Groß-Oktav. VIII, 128 Seiten. 1920. . . . RM. 3.—, geb. RM. 3.60
Eine gute Einführung in die technischen Grundlagen und die Wirkungsweise der Generatoren, Motoren und Transformatoren, unter Vermeidung mathematischer Ableitungen.

Die Gleichstrommaschine. Von Prof. Dipl.-Ing. Fr. Sallinger. (Samml. Göschen Bd. 257 u. 881.)

I. Theorie, Konstruktion und Berechnung. Mit 6 Tafeln und 60 Figuren. 128 Seiten. 1923. . . . . Geb. RM. 1.50

II. Arbeitsweise und Prüfung. Mit 69 Figuren. 120 Seiten. 1924. Geb. RM. 1.50

Die Bände wollen dem Anfänger und Studierenden der Elektrotechnik ein kurzgefaßter, leichtverständlicher Leitfaden sein, und dem Nichtelektrotechniker, der sich für Gleichstrommaschinen interessiert, die Möglichkeit zum Selbststudium bieten.

Aufgabensammlung über die Gleichstrommaschine mit Lösungen. Von Prof. Dipl.-Ing. Fr. Sallinger. Mit 38 Figuren. 108 Seiten. 1925. (Samml. Göschen Bd. 912.) . . . . Geb. RM. 1.50

In 45 Aufgaben werden die in den ersten beiden Teilen entwickelten Formeln und Schaulinien zur Anwendung gebracht. Zur Erleichterung des Verständnisses ist jeder Gruppe von Aufgaben eine kurze Zusammenstellung der verwandten Regeln und Formeln vorangestellt.

Wechselstromerzeuger. Von Prof. Dipl.-Ing. Franz Sallinger. Mit 77 Figuren. 127 Seiten. 1922. (Samml. Göschen Bd. 547.) . . . . . Geb. RM. 1.50

Der Verfasser behandelt den allgemeinen Aufbau und die Wicklungen, die Berechnung der Einzelspannungen des Maschinendiagramms und die experimentelle Prüfung, woran sich die Erklärung der wichtigsten Erscheinungen beim Parallelbetrieb anschließt. Den Schluß bildet die Darstellung des Berechnungsganges einer synchronen Maschine.

Wechselstrom-Kommutatormaschinen. Von Ing. Karl Baudisch. Mit 62 Textfiguren und 20 Tafelabbildungen. 104 Seiten. 1928. (Samml. Göschen Bd. 992.) . . . . Geb. RM. 1.50

Der Band behandelt sowohl die Einphasen- als auch die Drehstrom-Kommutatormotoren und die generatorischen Arbeiten dieser Maschinen, wobei Wert auf die Verwendung von Betriebskurven gelegt wurde, wie sie mittleren Verhältnissen entsprechen.

Die Kommutatormaschinen für einphasigen und mehrphasigen Wechselstrom. Von Dr.-Ing. e. h. M. Schenkel, Oberingenieur der Siemens-Schuckertwerke. Mit 124 Abbildungen. Oktav. VII, 259 Seiten. 1924. RM. 10.50, geb. Mk. 12.—

Der Verfasser, der seit Jahrzehnten an der Entwicklung der Kommutatormaschinen praktisch mitarbeitet, hat unter Berücksichtigung der modernsten Maschinentypen alles verstreute Material in diesem Lehrbuch zusammengefaßt.

Transformatoren. Von Prof. Dipl.-Ing. Fr. Sallinger. Mit 66 Abbildungen und 12 Tafeln. 112 Seiten. 1927. (Samml. Göschen Bd. 952.) Geb. RM. 1.50

Ein zusammenfassender Bericht über Theorie, Aufbau und Prüfung des Transformators.

Gleichrichter. Von Dipl.-Ing. Josef Just. Mit 90 Abbildungen. 136 Seiten. 1926. (Samml. Göschen Bd. 945.) . . . . Geb. RM. 1.50

Die verschiedenen Arten von Gleichrichtern werden an Hand der Abbildungen beschrieben und ihre Verwendungsmöglichkeiten erörtert.

Elektrische Schaltgeräte, Anlasser und Regler. Von Dr.-Ing. Fritz Kesselring. I. Theoretische Grundlagen zur Berechnung der Schaltgeräte. Mit 80 Figuren. 142 Seiten. (Samml. Göschen Bd. 711.) Geb. RM. 1.50

Das Buch dürfte für den Studierenden eine willkommene Ergänzung seines Studiums darstellen, indem es ihm einen Einblick in das Gebiet der Schaltapparate gewährt und ihn lehrt, die Theorie richtig auf praktische Beispiele anzuwenden.

Das Kraftwerk Fortuna II. Monographie eines Dampfkraftwerkes in systematischer Darstellung. Von Albert Schreiber, Direktor des Rheinischen Elektrizitätswerkes im Braunkohlenrevier, Köln. Mit 141 Abbildungen im Text und auf 7 Tafeln. XVI, 175 Seiten. 1925. (Siemens-Handbücher Bd. V.) Geb. RM. 6.50

„Das nach dem Vorwort sowohl für Techniker als auch für Studierende bestimmte Buch beschränkt sich in der Hauptsache auf die Beschreibung der ganzen Anlage, wobei eine kurze geschichtliche Darstellung und Begründung für die in den wichtigsten Fragen, wie Wahl des Bauplatzes, Gesamtanordnung, Wasserbeschaffung, Einheitsgröße für Kessel und Dampfturbinen usw., getroffenen Entscheidungen vorausgeschickt wird. Das Buch kann einem jeden, der sich für den ganzen Aufbau derartiger Großkraftwerke interessiert und sich, ohne sich in Einzelfragen kritisch vertiefen zu wollen, einen raschen Überblick verschaffen will, empfohlen werden. Der Verlag ist mit vorzüglicher Ausstattung und reichhaltigem, äußerst sauber gehaltenem Bildermaterial behilflich gewesen."
Elektrotechnik und Maschinenbau.

Elektrische Installation für Licht und Kraft (Siemens-Handbuch.) Bearbeitet von Dipl.-Ing. P. Stern, Oberingenieur der Siemens-Schuckertwerke. Herausgegeben vom Literarischen Bureau der Siemens-Schuckertwerke. Mit 365 Abbildungen und 50 Zahlentafeln. Oktav. XVI, 224 Seiten. 1922. . . . . Geb. RM. 4.—

Der Band unterrichtet über Glühlichtbeleuchtung und ihre Verwendung, über Elektromotoren und über Installationen in Wohn- und Geschäftshäusern, gewerblichen und landwirtschaftlichen Betrieben.

Elektromotorische Betriebe. (Grundlagen für die Berechnung.) Von Prof. Dr.-Ing. A. Schwaiger. Mit 25 Abbildungen. 117 Seiten. 1922. (Samml. Göschen Bd. 827.) . . . . Geb. RM. 1.50

Der Verfasser behandelt das Thema von der technischen und wirtschaftlichen Seite aus, geht näher auf die Grundlagen für Schaffung von Betriebsdiagrammen ein und zeigt an Beispielen deren Konstruktion.

Elektrische Bahnen. Von Prof. Dr. A. Schwaiger. Mit 45 Abbildungen 116 Seiten. 1927. (Samml. Göschen Bd. 958.) . . . . . Geb. RM. 1.50

Das Buch orientiert über den Werdegang der elektrischen Bahnen, gibt sodann Auskunft über Stromart und Spannung sowie die Bestandteile einer elektrischen Bahn, um dann einige ausgeführte Vollbahnen zu beschreiben.

Straßenbahnen. Von Dipl.-Ing. Aug. Boshart. Mit 72 Abbildungen. 132 Seiten. (Samml. Göschen Bd. 559.) . . . . Geb. RM. 1.50

Einer kurzen geschichtlichen Einleitung folgen ausführliche Abschnitte über Betriebsarten, Anlage, Oberbau usw. Den Betriebsmitteln und Anlagen ist ein größerer Abschnitt gewidmet.

Die Elektromotoren, ihre Arbeitsweise und Verwendungsmöglichkeit. Von Prof. Dr. F. Niethammer. Zweite Auflage. (Samml. Göschen Bd. 798, 799.)

I. Gleichstrommotoren. Mehrphasige Synchron- und Asynchronmotoren. Mit 56 Figuren. 99 Seiten. 1925. . . . . Geb. RM. 1.50

II. Kommutatormotoren. Mechanischer Aufbau. Wirtschaftlichkeit u. a. Mit 62 Figuren. 88 Seiten. 1927. . . . . Geb. RM. 1.50

Die Bände sind für diejenigen, welche die Grundbegriffe und Gesetze der Elektrotechnik kennen, leicht verständlich und enthalten ausgezeichnete Figuren und Diagramme.

Elektrische Förderanlagen. Von Prof. Dr. Ing. A. Schwaiger. Mit 30 Abbildungen. 113 Seiten. 1921. (Samml. Göschen Bd. 678.) Geb. RM. 1.50

Aus dem Inhalt: Berechnung der Fahrwiderstände, Schaltung der Motoren, die verschiedenen Fördersysteme, Energiebedarf, Bremsen und Steuerungen, Betriebskosten.

Elektrische Öfen. Von Prof. Dr. Ing. Osw. Meyer. Mit 83 Abbildungen. 133 Seiten. 1922. (Samml. Göschen Bd. 704.) . . . . . Geb. RM. 1.50

Außer den physikalischen Grundlagen werden die Grundformen der elektrischen Öfen und ihre Anwendung in Industrie und Haushalt behandelt.

Röntgenstrahlen. (Physik, Technik und Anwendungen.) Von Dr. phil. nat. Rich. Herz. Mit 48 Figuren und 16 Tafeln. 136 Seiten. 1927. (Samml. Göschen Bd. 950.) . . . . Geb. RM. 1 50

Inhalt· Physik der Röntgenstrahlen. Röntgentechnik (Rohrentechnik, Hochspannungserzeugung, Zubehor, Meßtechnik). Medizinische Anwendungen, Technische Anwendungen.

Elektrizität in der Landwirtschaft. Bearbeitet von C. Buschkiel †. Mit 185 Abbildungen. XII, 171 Seiten. 1927. (Siemens-Handbücher Bd. XII.) Geb. RM. 5.40

Über dieses Buch, „das seine Aufgabe glanzend gelost hat", sagt die „Elektroindustrie" folgendes: „Fur eine schnelle Orientierung über die heute schon weit gediehene Anwendung der Elektrizitat in der Landwirtschaft kann die von vielen guten Reproduktionen begleitete Arbeit bestens empfohlen werden."

Elektrizität im Hause. Von Prof. Dr. F. Niethammer. Mit 104 Figuren. 140 Seiten. 1929. (Samml. Göschen Bd. 1006.) . . . . . Geb. RM. 1.50

Der Verfasser bespricht in möglichst allgemeinverstandlicher und doch technisch einwandfreier Weise das große Gebiet der elektrischen Haushaltungsgerate, wie Beleuchtung, Warmeapparate zum Kochen und Heizen, Kaltemaschinen usw.

Elektrizität im Bergbau Bearbeitet von Oberingenieur J. Bäumer, Oberingenieur C. Hahn, Ingenieur H. Kreisler, Oberingenieur A. Passauer, Professor Dr. W. Philippi, Oberingenieur K. Schade, Oberingenieur L. Steiner und der Literarischen Abteilung der Siemens & Halske A.-G. Wernerwerk. Mit 335 Abbildungen und 3 Tafeln. XII, 390 Seiten. 1926. (Siemens-Handbücher Bd. XIII.) . . . . Geb. RM. 11.50

„Das Handbuch, an dem erprobte Ingenieure mitgearbeitet haben, ist ein Nachschlagewerk und eine Informationsquelle ersten Ranges, und für seinen wissenschaftlichen Wert burgt der Name des Bearbeiters, Professor Dr. Philippi, der auch einige wesentliche Abschnitte des Werkes verfaßt hat." Bergfreiheit.

Die Wassereisenbahn, ein Schleppsystem auf Kanälen und Flüssen ohne Inanspruchnahme der Ufer. Von Richard Koss, Ober- und Geheimer Baurat i. R., früherer Direktor der Union Elektrizitäts-Gesellschaft in Berlin und der Leipziger Werkzeugmaschinenfabrik. Mit 50 Abbildungen im Text. Groß-Oktav. IV, 117 Seiten. 1927. . . . . Geb. RM. 12.—

Der Verfasser beschreibt seine Erfindung, die Wassereisenbahn, und die damit auf dem Dortmund-Ems-Kanal unternommenen Versuche.

Elektrizitätswirtschaft. Von Dr.-Ing. R. Fischer. Mit 54 Figuren und 8 Tafeln. 148 Seiten. 1928. (Samml. Göschen Bd. 995.) . Geb. RM. 1.50

Der Band unterrichtet über die technisch-wirtschaftlichen Grundlagen und die Organisation der Elektrizitatswirtschaft, bringt Zahlenmaterial über Stromerzeugung, -verteilung und -verwertung und behandelt Tariffragen.

Elektrische Telegraphie mit Drahtleitung. Von Prof. J. Herrmann. (Samml. Göschen Bd. 172, 975.)

I. Die Telegraphie mit Morsezeichen Mit 124 Figuren 134 Seiten. 1926. . . . . Geb. RM. 1.50

II. Die Typendrucktelegraphen. Mit 76 Figuren. 16 Tafeln. 125 Seiten. 1927. . . . . Geb. RM. 1.50

Die mit zahlreichen Figuren und Abbildungen ausgestatteten Bande sind nicht nur für den Ingenieur und Telegraphenbeamten, sondern auch für den Nichtfachmann ein gutes Hilfsmittel.

Das Fernsprechwesen. Von Dipl.-Ing. W. Winkelmann. (Samml. Göschen Bd. 155, 773.)

I. Grundlagen und Einzelapparate der Fernsprechtechnik. Zweite Auflage. Mit 65 Abbildungen. 123 Seiten. 1925. . . . . Geb. RM. 1.50

II. Fernsprechanlagen, ihre Ausführung und ihr Betrieb. Mit 59 Abbildungen. (Neue Auflage in Arbeit.) . . . . Geb. RM. 1.50

Im 1. Band behandelt der Verfasser die Einzelteile der Fernsprechanlagen, wichtige Sicherungen gegen zu starke Strome, Blitzschläge usw. Im 2. Teil werden die verschiedenen Ausfuhrungsweisen der Fernsprechanlagen besprochen.

Bildtelegraphie. Von Professor Dr. Artur Korn. Mit 41 Figuren und 8 Tafeln. 146 Seiten. 1923. (Samml. Göschen Bd. 873.) . Geb. RM. 1.50

Inhalt: Die Kopiertelegraphen. — Die Fernschreiber. — Die telautographische Übertragung von Photographien. — Die Phototelegraphie. — Die Methode der Zwischenklischees. — Drahtlose Bildtelegraphie. — Das Problem des elektrischen Fernsehens.

Die Kraftstellwerke der Eisenbahnen. Von S. Scheibner. (Samml. Göschen Bd. 689, 690.)

I. Die elektrischen Stellwerke. Zweite, umgearbeitete Auflage. Mit 39 Abbildungen. 122 Seiten. 1923. . . . . Geb. RM. 1.50

II. Die Kraftstellwerke der Eisenbahnen. Mit 35 Abbildungen und 1 Tafel. 95 Seiten. 1913 . . . . Geb. RM. 1.50.

Aus der ausführlichen Darstellung werden Studierende und Ingenieure, Bahnmeister und Eisenbahnbeamte einen klaren Überblick über den derzeitigen Stand der elektrischen Stellwerke gewinnen.

Das elektrische Fernmeldewesen bei den Eisenbahnen. Von Geh. Baurat K. Fink. Zweite, verbesserte Auflage. Mit 54 Abbildungen. 135 Seit. 1926. (Samml. Göschen Bd. 707.) . . . . Geb. RM. 1.50.

Der Band behandelt Bahntelegraphen, Zugmeldungen und Läutesignale, Erdleitungen, Fernsprecher sowie Lautewerke, Kassensicherungen, Gleiskontakte, Fahrgeschwindigkeitsüberwacher usw.

Radiotechnik. I. Allgemeine Einführung. Von Professor J. Herrmann. Zweite, neubearbeitete Auflage. Mit 75 Figuren und 16 Tafeln. 144 Seiten. 1929. (Samml. Goschen Bd. 888.) . . . . Geb. RM. 1.50

Der Verfasser gibt in drei Abschnitten: „Die elektrischen Schwingungen und elektromagnetischen Wellen", „Die Glühkathodenrohre" und „Der drahtlose Verkehr" einen Gesamtüberblick über das Gebiet.

II. Wellentheorie. Von Dr. Werner Bloch. Mit 80 Abbildungen. 124 Seiten. 1926. (Samml. Göschen Bd. 946.) . . . . Geb. RM. 1.50

Nach den physikalisch-technischen Problemen der Wellentelephonie wird die freie Wellentelephonie, insbesondere der Rundfunk, und dann die leitungsgerichtete Hochfrequenztelephonie ohne mathematisches Beiwerk behandelt.

III. Die Empfänger, unter besonderer Berücksichtigung der Rundfunkempfangsschaltungen. Von Dipl.-Ing. Hermann Saacke. Mit 82 Abbildungen. 114 Seiten. 1926. (Samml. Goschen Bd. 951.) . . . . . Geb. RM. 1.50

Der Band teilt alles Wesentliche mit über Detektor, Rohre, Zubehor, Rundfunkempfangsschaltungen sowie Telegraphieempfang.

IV. Stromquellen für Röhrenempfangsgeräte, Galvanische Elemente, Akkumulatoren und Netzanschlußgeräte. Von Dr.-Ing. Richard Albrecht. Mit 61 Abbildungen. 108 Seiten. 1927. (Samml. Göschen Bd. 966.) Geb. RM. 1.50

Aus dem Inhalt: Galvanische Elemente, Akkumulatoren, Ladeeinrichtungen für Heizakkumulatoren und Anodenbatterien, Netzanschlußgerate für Gleich- und Wechselstrom.

V. Die Elektronen-Röhre. Von Dipl.-Ing. Otto Stürner. Mit 88 Figuren und 35 Abbildungen auf 16 Tafeln. 124 Seiten. 1927. (Samml. Göschen Bd. 974.) . . . . Geb. RM. 1.50

Eine Darstellung und Erläuterung der Vakuumphysik, der Grundgesetze in der Hoch- und Niederfrequenztechnik, der fabriksmäßige Werdegang der Empfangsröhren sowie verschiedene Röhrenformen.

Elektrische Messungen. Von Werner Skirl, Oberingenieur. Mit 431 Bildern. XIV, 455 Seiten. 1928. (Siemens-Handbücher Bd. VI.) Geb. RM. 11 —

Das vorliegende Buch ist für alle bestimmt, die mit elektrischen Messungen zu tun haben. dem weitesten Kreise der Ingenieure und Techniker soll in möglichst leichtverständlicher Form alles Wissenswerte gegeben werden. Der Inhalt des Buches ist nach den Anforderungen der Praxis gegliedert.

Die elektrischen Meßinstrumente. Von Professor J. Herrmann. Mit 167 Figuren. 159 Seiten. 1927. (Samml. Göschen Bd. 477.) . Geb. RM. 1.50

Beschrieben werden Weicheisen und Drehspuleninstrumente, Nadelgalvanometer, Elektrodynamometer, Induktionsinstrumente, elektrostatische Instrumente, Hitzdrahtinstrumente, elektrolytische, Zeiger- und registrierende Instrumente, Elektrizitätszähler u. dgl.

Die elektrische Meßtechnik. Von Professor J. Herrmann. Mit 85 Figuren. 124 Seiten. 1924. (Samml. Göschen Bd. 885) . . . . Geb. RM. 1.50

Aus dem Inhalt: Messungen mit Zeigerinstrumenten. Messungen mit Spiegelinstrumenten. Die Nullmethoden. Die Vergleichsmessungen nach Ausschlagmethoden. Hilfsmittel.

Physikalische Messungsmethoden. Von Professor Dr. Wilh. Bahrdt. Mit 54 Figuren. 147 Seiten. 1921. (Samml. Göschen Bd. 301.) Geb. RM. 1.50

Das Buch des bekannten Lehrbuchsherausgebers und Erfinders sinnreicher Apparate ist eine Fundgrube interessanter Versuchsanordnungen und Meßmethoden. Es bietet reiche Anregungen für Schülerübungen.

Empfindliche Galvanometer für Gleich- und Wechselstrom. Von Dr. Otto Werner. Mit 23 Abbildungen und 17 Tabellen. Groß-Oktav. VIII, 208 Seiten. 1928. . . . . RM. 13.—, geb. RM. 14.—

Der Verfasser erörtert Aufbau, Arbeitsweise und Empfindlichkeitsarten der Galvanometerkonstruktionen sowohl für Gleich- als auch für Wechselstrom und gibt Gesichtspunkte für die Galvanometerauswahl und kritische Vergleiche der Galvanometertypen.

Elektrizität und Magnetismus. Von Professor Dr. G. Jäger. Fünfte, verbesserte Auflage. Mit 33 Figuren. 139 Seiten. 1922. (Samml. Göschen Bd. 78.) . . . . Geb. RM. 1.50

Die Darstellung umfaßt Elektrostatik, Magnetismus und Elektromagnetismus und geht im wesentlichen darauf aus, die klassischen Grundvorstellungen zu befestigen und zu den neueren Auffassungen (Maxwell, Elektronik) überzuleiten.

Elektromagnetische Lichttheorie und Elektronik. Von Professor Dr. Gust. Jäger. Dritte, verbesserte Auflage. Mit 17 Figuren. 146 Seiten. 1921. (Samml. Göschen Bd. 374.) . . . . Geb. RM. 1.50

Der Band behandelt die elektromagnetische Theorie des Lichts und die sonstige Wellenstrahlung nach Maxwell und die klassische Elektronik im Anschluß an H. A. Lorentz unter Berücksichtigung der Dissoziationstheorie der Elektrolyte.

Elektrische Schwingungen. Von Professor Dr Herm. Rohmann. Zweite, verbesserte Auflage. Mit 65 Abbildungen. 132 Seiten. 1926. (Samml. Göschen Bd. 751.) . . . . Geb. RM. 1.50

Elektrochemie. Von Dr. Heinr. Danneel. (Samml. Göschen Bd. 252, 253, 941, 980.)

I. Allgemeine Elektrochemie. Vierte, verbesserte Auflage. Mit 19 Figuren. 173 Seiten. . . . . Geb. RM. 1.50

II. Experimentelle Elektrochemie, Meßmethoden, Leitfähigkeit, Lösungen. Dritte, umgearbeitete Auflage. Mit 26 Figuren. 131 Seiten. 1925. RM. 1.50

III. Energie. Mit 18 Figuren und mehreren Tafeln. 149 Seiten. 1926. Geb. RM. 1.50

IV. Elektrolyse. Mit 41 Figuren und mehreren Tabellen. 144 Seiten. 1928. Geb. RM. 1.50

Die Bände sind wertvolle Hilfsmittel nicht nur für den Physochemiker und Elektrochemiker, sondern überhaupt für jeden Physiker und Chemiker.

Elektrometallurgie. Von Professor Dr. K. Arndt. Mit 25 Abbildungen. 124 Seiten. 1926. (Samml. Göschen Bd. 110) . . . Geb. RM. 1.50

In leichtfaßlicher Weise werden die modernen elektrometallurgischen Prozesse, wie der Elektrostahlöfen, der elektrischen Kupferraffination und die Aluminiumerzeugung usw besprochen.

Die Akkumulatoren für Elektrizität. Von Geh. Reg. Rat. Dr.-Ing. Rich. Albrecht. Zweite, neubearbeitete Auflage. Mit 56 Figuren. 122 Seiten. 1922. (Samml. Göschen Bd. 620.) . . . . Geb. RM. 1.50

Der Verfasser gibt eine Übersicht über Begriff, Wirkung, Leistungsfähigkeit, Konstruktion und Verwendung der Akkumulatoren. Dem Edisonschen Leichtakkumulator ist ein besonderer Abschnitt gewidmet.

Luftsalpeter. Seine Gewinnung durch den elektrischen Flammenbogen. Von Professor Dr. G. Brion. Zweite, verbesserte Auflage. Mit 51 Figuren. 127 Seiten. 1921. (Samml. Göschen Bd. 616.) . . Geb. RM. 1.50

Der Verfasser behandelt zuerst die Stickstoffverbindungen in Natur und Technik und dann den Elektrizitätsdurchgang durch Gase sowie die Erzeugung von Stickstoffverbrennung in Laboratorium und Technik usw.

Tragbare Akkumulatoren. Bau, Wirkungsweise, Behandlung, Anwendung und Ladeeinrichtungen. Von Geh. Reg.-Rat Dr.-Ing. Rich. Albrecht. Mit 61 Abbildungen. 135 Seiten. 1926. (Sammlung Göschen Bd. 919.) Geb. RM. 1.50

Aus dem Inhalt. Bau des Bleiakkumulators. Herstellung der Platten. Wirkungsweise des Bleiakkumulators. Kapazität. Wirkungsgrad. Behandlung des Akkumulators. Ermittlung der Größe von Batterien. Der alkalische Akkumulator. Vergleich zwischen dem Edison-Akkumulator und dem Bleiakkumulator usw.

Elektrochemische Rechenaufgabensammlung, mit einer kurzen Übersicht über die wichtigsten Lehrsätze und Konstanten. Von Professor Dr.-Ing. Gustav F. Hüttig. 102 Seiten. 1924. (Samml. Göschen Bd. 892) Geb. RM. 1.50

Der Band enthält eine Übersicht über die wichtigsten Begriffe, Einheiten und Gleichungen, Rechenbeispiele, Auflösungen und ein Verzeichnis elektrochemischer Literatur.

FÜR DEN ELEKTROTECHNIKER WERTVOLLE WERKE AUS ANDEREN GEBIETEN

Geschichte der Mathematik. Von Oberstud.-Dir. Dr. H. Wieleitner. 2 Bde. (Samml. Göschen Bd. 226, 875.)

I. Von den ältesten Zeiten bis zur Wende des 17. Jahrhunderts. 136 Seiten. 1922. . . . . Geb. RM. 1 50

II. Von 1700 bis zur Mitte des 19. Jahrhunderts. 154 Seiten 1923. Geb. RM. 1.50

„Zum erstenmal ist hier in deutscher Sprache eine zusammenhangende Darstellung der Geschichte der Mathematik versucht worden Trotz des engen Raumes ist sie durchaus lesbar und keineswegs eine bloße Aufzählung."

Deutsches Philologen-Blatt.

Geschichte der Mathematik. I. Teil: Von den ältesten Zeiten bis Cartesius. Von Professor Dr. S. Günther in München. Mit 56 Figuren. VIII, 428 Seiten. Neudruck 1927. (Samml. Schubert Bd. 18.) . Geb. RM. 17.40

II. Teil: Von Cartesius bis zur Wende des 18. Jahrhunderts. Von Oberstudiendirektor Dr. H. Wieleitner in München. 1. Hälfte: Arithmetik, Algebra, Analysis. Mit 6 Figuren. VIII, 251 Seiten. 1911. (Samml. Schubert Bd. 63.) Geb. RM. 8.40. 2. Hälfte: Geometrie und Trigonometrie. Mit 13 Figuren. VI, 222 Seiten. 1921. (Samml. Schubert Bd. 64.) Geb. RM. 3.50

„Es zeigt sich auch in diesem Buche wieder die große Meisterschaft des Verfassers in der zielbewußten Auswahl und klaren, anregenden Darstellung eines großen Stoffes, die auch seine anderen größeren Kompendien auszeichnet."
Monatshefte für Mathematik und Physik.

Geschichte der Elementar-Mathematik, in systematischer Darstellung. Von Professor Dr. Johannes Tropfke, Direktor der Kirschner-Oberrealschule zu Berlin. Zweite, verbesserte und sehr vermehrte Auflage. Lex.-Oktav.

Band 1: Rechnen. VII, 177 Seiten. 1921. . . RM. 7.20, Geb. RM. 8.20
Band 2: Allgemeine Arithmetik. IV, 221 Seiten. 1921. RM. 8.50, geb. RM. 9.50. Band 3: Proportionen, Gleichungen. IV, 151 Seiten. 1922. RM. 6.—, geb. RM. 7.—. Band 4: Ebene Geometrie. IV, 240 Seiten. 1922. RM. 9.—, geb. RM. 10.—. Band 5: I. Ebene Trigonometrie. II. Sphärik und sphärische Trigonometrie. IV, 185 Seiten. 1923. RM. 7.50, geb. RM. 8.50
Band 6: Analysis, Analytische Geometrie. IV. 169 Seiten. 1924. RM. 7.—, geb. RM. 8.—. Band 7: Stereometrie, Verzeichnisse. V, 128 Seiten. 1924. RM. 6.50, geb. RM. 7.50.

„Dem Verfasser gebührt unser Dank für sein die neuesten Ergebnisse historischer Forschungen berücksichtigendes, durch Vollständigkeit und Klarheit sich auszeichnendes Werk. Es verdient seinen Platz im Bücherschrank eines jeden Mathematikers." *Naturwissenschaften.*

Logarithmische Rechentafeln für Chemiker, Pharmazeuten, Mediziner und Physiker. Begründet von Dr. F. W. Küster. Für den Gebrauch im Unterrichtslaboratorium und in der Praxis berechnet sowie mit Erläuterungen versehen. Bearbeitet von Dr. A. Thiel, o. ö. Professor. 33. bis 34., verbesserte und vermehrte Auflage. Oktav. 148 Seiten und eine Tafel. Neue Auflage in Vorbereitung.

Lehrbuch der Mathematik für Studierende der Naturwissenschaften und der Technik. Eine Einführung in die Differential- und Integralrechnung und in die analytische Geometrie. Von Dr. Georg Scheffers, Geh. Regierungsrat, Prof. a. d. Techn. Hochschule Charlottenburg. Mit 438 Figuren. Sechste, verbesserte Auflage. Lexikon-Oktav. VIII, 743 Seiten. 1925. . . . . RM. 30.—, geb. RM. 33.—

Dieses vor allem für Studierende der Naturwissenschaften und der Technik geschriebene Lehrbuch ist in erster Linie für den Selbstunterricht bestimmt und geht daher von dem denkbar geringsten Maß von Vorkenntnissen aus: der Leser braucht nur im Buchstabenrechnen, in der Auflösung von Gleichungen ersten Grades mit einer Unbekannten und in der niederen Geometrie bewandert zu sein.

Lehrbuch der darstellenden Geometrie. Von Dr. Karl Rohn, Geh. Rat, weiland Professor an der Universität Leipzig, und Dr. Erwin Papperitz, Geh. Rat, Professor an der Bergakademie in Freiberg i. Sa. Drei Bände. Groß-Oktav.

I. Orthogonalprojektion. Vielfache Perspektivität ebener Figuren, Kurven, Zylinder, Kugel, Rotations- und Schraubenflächen. Vierte, erweiterte Auflage. XX, 502 Seiten. Mit 351 Figuren. 1913. Anastatischer Nachdruck. 1921. . . . . RM. 16.50, geb. RM. 18.—

II. Axonometrie, Perspektive, Beleuchtung. Vierte, umgearbeitete Auflage. VI, 194 Seiten mit 118 Figuren. 1916. RM. 6.20, geb. RM. 7.20

III. Kegelschnitte, Flächen zweiten Grades, Regel-, abwickelbare und andere Flächen. Flächenkrümmung. Vierte, umgearbeitete Auflage. X, 334 Seiten. Mit 157 Figuren. Anastatischer Nachdruck. 1923. RM. 10.80, geb. RM. 12.—

Darstellende Geometrie. Von Theodor Schmid, o. ö. Professor an der Technischen Hochschule in Wien. I. Teil: Eckige Körper, Kugel, Zylinder, Kegel, Plankurven und Raumkurven mit den zugehörigen Torsen im Normalrißverfahren und in orthogonaler Axonometrie. Dritte Auflage. Mit 170 Figuren. 283 Seiten. 1922. (Samml. Schubert Bd. 65.) Geb. RM. 6.—

II. Teil: Schiefe und zentrale Projektion. Dreh-, Rohr-, Schrauben- und Regelflächen. Geländedarstellung, Kartenprojektion, Nomographie. Zweite Auflage. Mit 163 Figuren. 340 Seiten. 1923. (Samml. Schubert Bd. 66.) Geb. RM. 7.50

„Unter den zahlreichen guten Lehrbüchern der darstellenden Geometrie steht das vorliegende mit in erster Reihe. Ausgezeichnete Figuren, klare Darstellung, reicher Inhalt sind seine besonderen Kennzeichen.“

Unterrichtsblätter f. Mathem. u. Naturw.

Darstellende Geometrie. Von Prof. Dr. Robert Haußner. 2 Bände. (Samml. Göschen Bd. 142 u. 143.)

I. Dritte, vermehrte und verbesserte Auflage. Mit 110 Figuren. 207 Seiten. 1922. . . . . Geb. RM. 1.50

II. Zweite, verbesserte und vermehrte Auflage. Mit 88 Figuren. 168 Seiten. 1924. . . . . Geb. RM. 1.50

In vier Abschnitten werden die Parallelprojektion ebener und räumlicher Gebilde, die Darstellung von Punkt, Gerade und Ebene in senkrechter Projektion auf zwei zueinander senkrechte Ebenen sowie ebenflächige Gebilde behandelt.

Geometrisches Zeichnen. Von H. Becker. Neubearbeitet von Professor J. Vonderlinn. Mit 290 Figuren und 23 Tafeln. 136 Seiten. 1923. (Samml. Göschen Bd. 58.) . . . . Geb. RM. 1.50

Der Behandlung einfacher Konstruktionen zwischen geraden Linien und der Kreislinie folgen Konstruktionen der Kegelschnitte, Ellipse, Parabel und Hyperbel, von Korbbogenlinien und Eilinien und anderen Spirallinien mehr. Zuletzt wird die Konstruktion von Maßstäben und das Verkleinern und Vergrößern von Figuren und Plänen gezeigt.

Graphische Darstellung in Wissenschaft und Technik. Von Oberingeneur Privatdoz. Dr. Marcello Pirani. Mit 58 Figuren. 126 Seiten. 1922. (Samml. Göschen Bd. 728) . . . . Geb. RM. 1.50

Von der einfachen Darstellung von Größen mit unbekanntem Zusammenhang in Form von Kurven oder Skalen ausgehend, geht der Verfasser zur Darstellung von Größen bekannter Abhängigkeit (Funktionsskalen, insbesondere logarithmische projektive Teilung) über und bespricht dann die Aufstellung von Rechentafeln namentlich mit der Methode der fluchtrechten Punkte oder mit Hilfe mehrerer gekreuzter Linien.

Wahrscheinlichkeitsrechnung. Von Professor Dr. O. Knopf. 2 Bände. (Samml. Göschen Bd. 508, 871.)

I. 112 Seiten. 1923. . . . . Geb. RM. 1.50

II. Mit 10 Figuren. 112 Seiten. 1923. . . . . Geb. RM. 1.50

Gewöhnliche Differentialgleichungen. Von Dr. G. Hoheisel. 159 Seiten. 1926. (Samml. Göschen Bd. 920.) . . . . Geb. RM. 1.50

Der Band beginnt mit einer elementar gehaltenen Einführung in die Theorie der gewöhnlichen Differentialgleichungen, geht aber in den späteren Teilen über die Anfangsgründe hinaus. Bei der Auswahl des Stoffes wurden Gegenstände, welche Anwendungen zulassen, bevorzugt.

Gewöhnliche Differentialgleichungen. Von Dr. J. Horn, o. Professor an der Technischen Hochschule Darmstadt. Zweite, völlig umgearbeitete Auflage. Mit 4 Figuren. 1927. VIII, 197 Seiten. (Göschens Lehrbücherei Bd. 10.) . . . . RM. 9.—, geb. RM. 10.50

Inhalt. Elementare Integrationsmethoden, Existenzbeweise, Methode der schrittweisen Annäherung, numerische und graphische Näherungsmethoden, lineare Differentialgleichungen, elementare Integrationsmethoden und weitere Untersuchungen im reellen Gebiet, Existenzbeweise im komplexen Gebiet, Abhängigkeit der Lösungen von Parametern und Anfangswerten, Singularitäten nichtlinearer Differentialgleichungen.

Einführung in die theoretische Physik. Von Dr. Clemens Schäfer, Professor an der Universität Breslau.

I. Band. Mechanik materieller Punkte, Mechanik starrer Körper, Mechanik der Kontinua (Elastizität und Hydromechanik). Mit 272 Figuren im Text. Dritte, verbesserte und vermehrte Auflage. Groß-Oktav. XII, 991 Seiten. 1929. . . . . RM. 45.—, geb. RM. 48.—

II. Band. Theorie der Wärme. Molekularkinetische Theorie der Materie. Zweite Auflage. 1929. . . . . Im Druck.

III. Band. 1930. . . . . In Vorbereitung.

Das vorliegende Werk füllt eine merkbare Lücke in der bisher vorliegenden Literatur über theoretische Physik aus. Was es von seinen Vorgängern unterscheidet, ist einmal die Verwendung aller modernen Methoden und zum zweiten die klare und ausführliche Darstellungsweise, welche auch das Studium schwieriger Kapitel zu einem Genuß macht. *Annalen der Physik.*

Einführung in die theoretische Physik, mit besonderer Berücksichtigung ihrer modernen Probleme. Von Arthur Haas, a. o. Professor an der Universität Wien.

I. Band. Dritte und vierte, völlig umgearbeitete und vermehrte Auflage. Mit 58 Abbildungen im Text. Groß-Oktav. X, 307 Seiten. 1923. RM. 7.50, geb. RM. 9.—

II. Band. Dritte und vierte, völlig umgearbeitete und vermehrte Auflage. Mit 72 Abbildungen im Text und auf zwei Tafeln. Groß-Oktav. VIII 379 Seiten. 1924. . . . . RM. 8.50, geb. 10.—

Der Vorzug des Buches liegt zweifellos in dem Umstande, daß es dem Verfasser gelingt, den Leser unter Vermeidung jedes überflüssigen Wissensballastes bis an die Probleme der modernen theoretisch-physikalischen Forschung heranzuführen. Es gibt gewiß kein anderes Buch ähnlichen Umfanges, das den Studierenden gleichzeitig mit den Elementen der theoretischen Physik und mit den wichtigsten modernen Forschungsergebnissen, wie Röntgenspektroskopie, Kristallanalyse, Isotopenbestimmung usw., vertraut macht.
Monatshefte für Mathem. u. Physik.

Lehrbuch der Physik. Nach Vorlesungen an der Technischen Hochschule zu München. Von H. Ebert, weil. Professor an der Technischen Hochschule München.

I. Band. Mechanik. Wärmelehre. Mit 168 Abbildungen. Zweite Auflage. Groß-Oktav. XX, 661 Seiten. 1917. Anastatischer Neudruck. 1920. Geb RM. 21.50

II. Band, I. Teil. Die elektrischen Energieformen. Fertiggestellt und herausgegeben von Professor C. Heinke. Mit 341 Abbildungen im Text. Groß-Oktav. XX, 687 Seiten. 1920. . . . . RM 22.— geb. 24 —

II. Band, II. Teil. Die strahlende Energie Mit 196 Abbildungen im Text. Groß-Oktav. XII, 416 Seiten. 1923. . . . . RM. 15.—, geb. 16.50

Das Lehrbuch ist nach Umfang und Stoffbehandlung für diejenigen Physikstudierenden bestimmt, denen die Anwendung bei der Lösung technischer Probleme Endzweck des Studiums ist.

Finanzierung der Unternehmungen. Von Professor Dr. Friedrich Leitner. 108 Seiten. 1927. (Samml. Göschen Bd. 963.) . . . . . . Geb. RM. 1.50

„Die Darstellung beschrankt sich auf das Grundsatzliche der Finanzierungsmöglichkeiten unter Berücksichtigung der neuzeitlichen Verhaltnisse. In dem Abschnitt über die Geldmittelbeschaffung bei den Unternehmungsformen werden englische und nordamerikanische Methoden vergleichsweise herangezogen."
Badische Wirtschaftszeitung.

Wirtschaftslehre der Unternehmung. Von Professor Dr. Fr. Leitner. Fünfte Auflage der „Privatwirtschaftslehre der Unternehmung". Groß-Oktav. VIII, 375 Seiten. 1926. . . . . RM. 12.—, geb. RM. 13.50

„Der Verfasser gibt in überaus klarer und übersichtlicher Weise eine gute Einführung in die Privatwirtschaftslehre der kaufmannischen Unternehmungen. Wir können die Anschaffung durchaus empfehlen."
Badische Wirtschaftszeitung.

Neue Wege wirtschaftlicher Betriebsführung. Von Dr. Alexander Hellwig, Diplom-Kaufmann, und Frank Mäckbach, Diplom-Ingenieur. Oktav. 150 Seiten. 1928. . . . . Geb. RM. 6.—

Die Verfasser haben gemeinsam in 70 Groß- und Mittelbetrieben der verschiedensten Wirtschaftszweige eingehende Studien und Betriebsuntersuchungen angestellt und kommen auf Grund des hierbei gewonnenen Materials zu einer umfassenden Darstellung der organischen Betriebs- und Wirtschaftsführung.

Allgemeine Betriebswirtschaftslehre der Unternehmung. Von Dr. Konrad Mellerowicz. 179 Seiten. 1929. (Samml. Göschen Bd. 1008.) Geb. RM. 1 50

Begriff und Gliederung der Betriebswirtschaftslehre. — Betriebliche Wirtschafts- und Konzentrationsformen. — Kapital, Arbeit, Organisation. — Kosten, Wert, Preis. — Absatz. — Ertrag.

Die Industriebelastungsgesetze vom 30. August 1924 nebst den Durchführungsbestimmungen zum Gesetz über die Industriebelastung. Von Heinrich Hoepker. Taschenformat. XV, 200 Seiten. 1925. Mit Nachträgen. (Guttentagsche Sammlung deutscher Reichsgesetze Bd. 159.) Geb. RM. 4.—

„Die Anmerkungen sind erschopfend und führen den Leser mit Geschick in die schwierige und neue Materie ein. Rechtsanwalte sowie Kaufleute, fur welche die Industriebelastung in Frage kommt, werden das mit einem guten Sachregister ausgestattete Werk mit gleichem Nutzen gebrauchen!"
Industrie- und Handels-Zeitung.

Urheber- und Erfinderrecht, Warenzeichen- und Wettbewerbsrecht (Gewerblicher Rechtsschutz). Von Dr. jur. Alexander Elster in Berlin. Oktav. Zweite, neubearbeitete und stark erweiterte Auflage. 1928. (Lehrbücher und Grundrisse der Rechtswissenschaft Bd. VIII.)
RM. 18.—, geb. RM. 19.50

„Man merkt aus jedem Satz, welch reicher Schatz eigener praktischer Erfahrungen dem Verfasser zu Gebote steht." *Markenschutz und Wettbewerb.*

Das deutsche Erfinderrecht. (Patent- und Musterschutzrecht.) Von Dr. jur. Alexander Elster in Berlin. 118 Seiten. 1924. (Samml. Göschen Bd. 891.) . . . . Geb RM. 1.50

„Die Aufgabe, einen Überblick über das deutsche Erfinderrecht zu geben, ist im Rahmen der kurzen Erorterungen mit viel Geschick gelost. Deshalb wird das Büchlein auch bei allen Gruppen der am Patentrecht Interessierten seine Freunde finden." *Gewerblicher Rechtsschutz und Urheberrecht.*

Gesetz, betreffend das Urheberrecht an Mustern und Modellen, und Gesetz, betreffend den Schutz von Gebrauchsmustern nebst den zu beiden Gesetzen ergangenen Ausführungsverordnungen und abgeschlossenen internationalen Verträgen. Textausgabe mit Einleitung, Anmerkungen und Sachregister von Regierungsrat Johannes Neuberg, Mitglied des Patentamts. Taschenformat. 192 Seiten. 1911. (Guttentagsche Sammlung deutscher Reichsgesetze Bd. 102.) . . . . Geb. RM. 2.40

„Durch die sorgfältige Berücksichtigung der Auslegungsmaterialien, der Literatur und Rechtsprechung ist eine auch für die geschäftliche Praxis sehr brauchbare Bearbeitung mit kurzen, aber inhaltsreichen Bemerkungen entstanden."

Mitteilungen der Handelskammer Breslau.

Patentgesetz, nebst Ausführungsbestimmungen, völkerrechtlichen Verträgen und Patentanwaltsgesetz, unter eingehender Berücksichtigung der Rechtsprechung des Reichsgerichts und der Praxis des Reichspatentamts. Von R. Lutter, Geh. Regierungsrat im Reichspatentamt. Neunte Auflage. Taschenformat. XV, 467 Seiten. 1928. (Guttentagsche Sammlung deutscher Reichsgesetze Bd. 22.) . . . . Geb. RM. 10.—

„Der jetzige Verfasser hat einen völlig neuen Kommentar geschaffen, der an wissenschaftlicher Durcharbeitung und Gründlichkeit die vorangegangenen Auflagen weit überragt. Die jetzt vorliegende Auflage zeichnet sich durch Reichhaltigkeit, Genauigkeit und Klarheit aus."

Das Patentgesetz. Kommentar unter Berücksichtigung der vorgeschlagenen und weiter beantragten Abänderungen des Gesetzes. Von Eduard Pietzcker, Reichsgerichtsrat i. R. Erster Halbband: §§ 1—12. Groß-Oktav. 432 Seiten. 1929. . . . . RM. 26.—, Geb. RM. 28.— (Gewerbe- und Industrie-Kommentar Band V.)

Das vorliegende Werk sucht den Inhalt der Rechtsbestände scharf herauszuarbeiten, gegen Nachbargebiete abzugrenzen und vor allem die Tatbestände, die von den Rechtsregeln erfaßt werden sollen, klarzustellen. Gerade für das Patentrecht ist dies letztere von besonderer Wichtigkeit, da Recht und Technik überall ineinandergreifen. Dazu ist die gesamte Rechtsprechung des Reichsgerichts aus den letzten 25 Jahren vollständig verarbeitet worden.

Warenzeichenrecht. Kommentar von Dr. Alfred Hagens, Senatspräsident am Reichsgericht. Groß-Oktav. VIII, 408 Seiten. 1927. (Gewerbe- und Industrie-Kommentar [G. I. K.], Band III.) . . RM. 22.—, geb. RM. 24.—

„Der Kommentar hat alle Aussicht, ein führender, wo nicht der führende Kommentar für das Warenzeichenrecht zu werden."

Senatspräsident Dr. Degen im Archiv für Rechtspflege.

Gesetz zum Schutz der Warenbezeichnungen. Erläutert von Dr. Arnold Seligsohn, Justizrat, Rechtsanwalt und Notar in Berlin. Dritte Auflage, bearbeitet in Gemeinschaft mit Justizrat Martin Seligsohn in Berlin. Groß-Oktav. IV, 416 Seiten. 1925 . . . . RM. 15.—, geb. RM. 16.50

„Der Kommentar zeigt volle theoretische und praktische Beherrschung des Stoffes, klare Darstellungsgabe, sorgsame Behandlung und treffsicheres Urteil."

Badische Rechtspraxis.

Das deutsche Warenzeichenrecht. Von Freund und Magnus. Sechste, neubearbeitete Auflage, erläutert von Dr. Friedrich Jüngel, Geh. Regierungsrat, und Dr. Julius Magnus, Justizrat. Taschenformat. Teil I: Die internationalen Verträge. Mit 4 Tafeln. VI, 247 Seiten. 1924. Geb. RM. 9.—. Teil II: In Bearbeitung. (Guttentagsche Sammlung Deutscher Reichsgesetze Bd. 87 a/b.)

„Das ganze Werk mit seiner Fülle von Gesetzen, Verordnungen, Verträgen, Bekanntmachungen bildet eine Quellensammlung für das internationale deutsche Zeichenrecht, ohne die man fortan nicht mehr auskommen kann."

Gewerblicher Rechtsschutz und Urheberrecht.

VERLAG VON WALTER DE GRUYTER & CO.
BERLIN W 10 UND LEIPZIG

Röderdruck Leipzig

FSC
www.fsc.org
MIX
Papier | Fördert gute Waldnutzung
FSC® C083411

Zeitfracht Medien GmbH
Ferdinand-Jühlke-Straße 7
99095 Erfurt, Deutschland
produktsicherheit@kolibri360.de